AF511266

Raspberry Pi Pico

Thomas Brühlmann

Raspberry Pi Pico

Schnelleinstieg

mitp

Bibliografische Information der Deutschen Nationalbibliothek
Die Deutsche Nationalbibliothek verzeichnet diese Publikation in der Deutschen Nationalbibliografie; detaillierte bibliografische Daten sind im Internet über http://dnb.d-nb.de abrufbar.

Bei der Herstellung des Werkes haben wir uns zukunftsbewusst für umweltverträgliche und wiederverwertbare Materialien entschieden.
Der Inhalt ist auf elementar chlorfreiem Papier gedruckt.

ISBN 978-3-7475-0640-0
2. Auflage 2023

www.mitp.de
E-Mail: mitp verlag@sigloch.de
Telefon: +49 7953 / 7189 - 079
Telefax: +49 7953 / 7189 - 082

Lektorat: Sabine Schulz
Sprachkorrektorat: Petra Heubach-Erdmann
Coverbild: Thomas Brühlmann
Satz: Petra Kleinwegen
Druck: ADverts in Riga, Lettland

Inhalt

Einführung **9**

1 Das Board

1.1 Der Raspberry Pi Microcontroller RP2040 13
1.2 Die Leiterplatte 14
1.3 Die Leiterplatte Pico W 16
1.4 Anschlüsse 18
1.5 Spannungsversorgung 23
1.6 Spannungsversorgung Zusatzfunktionen 24
1.6.1 Abfrage USB 24
1.6.2 Low Power 25

2 Die Software

2.1 Thonny-Entwicklungsumgebung (IDE) 27
2.1.1 Installation von Thonny 27
2.1.2 Konfiguration von Thonny 28
2.2 MicroPython 30
2.2.1 MicroPython für Raspberry Pi Pico 31
2.2.2 Installation von MicroPython 32
2.2.3 MicroPython in ThonnyIDE 34

3 Erste Schritte

3.1 Erstes Programm 37
3.2 Projekt »Blink LED« 40
3.3 Programmaufbau 42
3.4 Steckbrett und Elektronik 46
3.4.1 Steckbrett 46
3.4.2 Bauteile der Elektronik 50

4 Digitale Ein- und Ausgänge

4.1 Ein- und Ausgänge am Pico ... 57
4.2 Eingang einlesen ... 59
4.2.1 Pullup oder Pulldown ... 59
4.3 Praxisbeispiel: Taster einlesen und Status ausgeben ... 62
4.4 LED ansteuern ... 63
4.5 PWM ... 66
4.5.1 Praxisbeispiel: LED mit PWM ... 68
4.6 Servo ... 69
4.6.1 Praxisbeispiel: Servo mit Potentiometer ... 70
4.7 Transistor, Relais ... 73
4.7.1 Transistor ... 73
4.7.2 Relais ... 76
4.8 Motor ... 79
4.8.1 Einfache Motor-Stufe (ein Motor) ... 79
4.8.2 Motor-Treiber für zwei Motoren ... 80
4.8.3 Praxisbeispiel: Motor-Ansteuerung (1 Motor) ... 81
4.8.4 Praxisbeispiel: Motor-Ansteuerung (2 Motoren) ... 84
4.8.5 Praxisbeispiel: Mini-Roboter ... 87

5 Analoge Welt

5.1 Spannung einlesen ... 91
5.2 Praxisbeispiel: Messung mit dem internen Temperatursensor ... 92
5.3 Praxisbeispiel: Poti mit LED-Ampel ... 93
5.4 Praxisbeispiel: Lichtmesser mit LDR ... 96
5.5 Praxisbeispiel: Temperaturmessung mit NTC ... 100

6 Anzeigen

6.1 RGB-LED ... 105
6.2 LC-Display (LCD) ... 108
6.3 OLED-Display ... 113
6.4 Projekt: Wetterstation mit Umweltsensor DHT22 ... 117
6.5 Projekt: Uhr mit OLED ... 121

7 Schnittstellen

7.1 UART ... 129
7.1.1 Praxisbeispiel: Datenaustausch mit Arduino ... 130

7.2 I2C 134
7.2.1 I2C-Bus auf dem Pico 135
7.2.2 Definition I2C mit MicroPython 136
7.2.3 I2C-Scanner 137
7.3 Praxisbeispiel: Lichtmesser mit BH1750 138
7.4 WiFi mit Pico W 141
7.4.1 WLAN-Controller 141
7.4.2 Bibliothek network 142
7.4.3 Webclient 143
7.4.4 Webserver 147
7.4.5 Webserver mit JS-Chart 151
7.4.6 MQTT-Client 158

8 Programm-Erweiterungen

8.1 Bibliotheken 171
8.2 Programmable Input and Output (PIO) 173
8.2.1 Praxisbeispiel: Blink mit State Machine 174
8.2.2 Praxisbeispiel: Blinker als Alarmmelder 177

9 Pinout-Boards

9.1 Pico-Pinout und Beschreibung 181
9.2 Technische Daten 186
9.3 RP2040-Boards 187
9.3.1 Sparkfun 187
9.3.2 Arduino 188
9.3.3 Adafruit 189
9.3.4 PIMORONI 190
9.3.5 XIAO RP2040 191
9.4 Hardware-Erweiterungen 191
9.4.1 Reset-Schalter 192
9.4.2 Pico-Pinout-Board für Steckbrett 194

10 Stücklisten

Stichwortverzeichnis 201

Einführung

Im Januar 2021 hat eine News-Meldung die Maker- und Bastlerszene überrascht. Die Raspberry Pi Foundation, also die Organisation, die die bisher bekannten Minicomputer Rasperry Pi entwickelt hat, präsentiert ein neues Mitglied in ihrer Produkte-Reihe. Willkommen Raspberry Pi Pico!

Die Vorstellung des neuen Raspberry Pi Pico, in diesem Buch in der Kurzform »Pico«, wurde unbemerkt im Hintergrund vorbereitet und nur wenige Hardware-Hersteller aus dem Maker-Umfeld waren informiert. Zu diesen Anbietern gehören Adafruit, Sparkfun, Arduino und Pimoroni. Diese Hardware-Firmen präsentieren mit der Vorstellung des Pico gleichzeitig eigene, kompatible Boards und Lösungen. Diese Lösungen sind zum aktuellen Zeitpunkt (März 2021) noch in Entwicklung. Die bisher präsentierten Informationen zu den neuen Boards werden viele Maker, Bastler und Microcontroller-Board-Anwender erfreuen.

Dank der zeitlich geplanten Vorstellung des Pico ist das neue Microcontroller-Board bereits bei einzelnen Händlern und Online-Shops verfügbar. Die aktuelle Ausgabe der englischen Bastlerzeitschrift *HackSpace* (`http://hsmag.cc`) bringt den Abonnenten und Käufern neben der Zeitschrift ein Pico-Board. Leider ist diese Aktion breit gefächert nur auf der englischen Insel verfügbar. Glückliche Besitzer haben sich vielleicht auch an einem Zeitschriftenshop auf einem Flughafen eine Ausgabe mit Board sichern können.

Da Sie dieses Buch gekauft haben, gehören Sie vermutlich auch zur Maker-Community, die sich für das neue Board der Raspberry Pi Foundation interessiert und gerne interaktive Anwendungen mit Schalter, Anzeigen, Motoren usw. realisieren möchte. Möglicherweise haben Sie bereits erste Erfahrungen mit Microcontrollern wie Arduino gemacht.

Der neue Raspberry Pi Pico ist im Gegensatz zu seinen Geschwistern aus der Raspberry-Serie kein Minicomputer mit Betriebssystem, sondern ein kleines, kompaktes Microcontroller-Board, auf dem Programme in MicroPython oder C/C++ ausgeführt werden können.

Mit der Vorstellung des Pico sind die News aber noch nicht fertig erzählt. Neben dem neuen Microcontroller-Board gibt es auch einen neuen Microcontroller. Auf dem Pico wird ein eigener, von der Raspberry Pi Foundation entwickelter Chip eingesetzt – der Microcontroller hat die Bezeichnung RP2040.

Diese spannenden Neuigkeiten bringen wieder Schwung in die Maker-Szene. Ein neues Microcontroller-Board, das einen solch markanten Eindruck in der Szene und in den sozialen Medien hinterlässt, erscheint nicht täglich. Obwohl erst kurze Zeit seit der Präsentation des Pico vergangen ist, findet man auf den bekannten sozialen Plattformen wie Twitter, YouTube und Hackaday schon eine ganze Menge an nützlichen Informationen, Beispielen und Tutorials. Täglich kommen neue Projekte dazu und erweitern so die Möglichkeiten des kleinen Boards.

Im Juni 2022 hat die Raspberry Pi Foundation ein neues Board vorgestellt – den Raspberry Pi Pico W. Der Buchstabe W bedeutet *wireless*. Das neue Board hat nun einen von vielen Anwendern gewünschten WLAN-Adapter. Jetzt kann auch der Raspberry Pi Pico W für drahtlose Webanwendungen wie Sensoranwendungen oder als MQTT-Client verwendet werden.

Dieser kompakte Guide soll Sie beim Einstieg ins Thema Raspberry Pi Pico, Raspberry Pi Pico W und MicroPython unterstützen. Idealerweise haben Sie schon mit anderen Microcontroller-Boards gearbeitet und Grundkenntnisse in Python oder einer anderen Programmiersprache.

Im Buch benenne ich die Boards allgemein als Raspberry Pi Pico. Bei spezifischen Funktionen, wie der WLAN-Funktionalität, verweise ich auf den Raspberry Pi Pico W.

Das Buch ist so aufgebaut, dass Sie die Kapitel nacheinander durcharbeiten können.

In Kapitel 1 werden der Raspberry Pi Pico und der Pico W vorgestellt, die Anschlüsse erklärt und die technischen Daten und Funktionen vorgestellt.

In Kapitel 2 wird die Firmware der Programmiersprache MicroPython, eine kompakte und abgespeckte Version von Python, installiert. Anschließend wird die Entwicklungsumgebung Thonny installiert und konfiguriert. Nach dem Verbindungsaufbau zwischen der Entwicklungsumgebung und dem Pico steht die nötige Infrastruktur bereit.

Das erste Programm, im Hardware-Umfeld ein Blink-Programm, wird in Kapitel 3 erstellt und auf den Pico und den Pico W geladen. Anschließend werden die Struktur der Programme und der Programmaufbau erklärt. Gleichzeitig werden die nötige Elektronik und Hardware wie Steckbrett, die für die nachfolgenden Beispiele verwendet werden, erläutert.

Das Kapitel 4 beschreibt den Einsatz der digitalen Ein- und Ausgänge des Pico. In praktischen Beispielen werden die Zustände von Tastern eingelesen und Leuchtdioden, Servos und Relais angesteuert.

Die analoge Welt mit den integrierten Analog/Digital-Wandlern wird in Kapitel 5 vorgestellt. Analoge Sensoren wie Fotowiderstand und Temperatursensor werden in Betrieb genommen.

In Kapitel 6 werden Anzeige-Elemente eingesetzt. Zuerst wird eine Leuchtdiode als optisches Element über eine Dimm-Funktion angesteuert. Anschließend erklären Praxisbeispiele den Einsatz von LC- und OLED-Displays. Zum Schluss wird eine kleine Wetterstation und eine OLED-Uhr realisiert.

Kapitel 7 beschreibt den Einsatz der seriellen Schnittstelle (UART) und des I2C-Bus sowie die WLAN-Funktionalität des Pico W. In einem Praxisprojekt wird ein Lichtmesser und ein MQTT-Client realisiert.

In Kapitel 8 werden Programmerweiterungen wie die State-Machine und Module und Bibliotheken beschrieben.

Kapitel 9 beinhaltet technische Themen wie die Beschreibung des Pinouts und der einzelnen Anschluss-Pins sowie technische Daten zum Pico, Pico W und dem Microcontroller RP2040.

Alle Stücklisten zu den einzelnen Projekten werden in Kapitel 10 bereitgestellt.

Weitere Informationen

Weitere Informationen zum Buch und zu den Projekten mit dem Raspberry Pi Pico sind auf meiner Website erhältlich:

`https://555circuitslab.com`

Die Beispielprogramme aus dem Buch können über meinen Github-Account bezogen werden:

`https://github.com/arduinopraxis`

Auf meiner Website findet man auch weitere Informationen zu meinen Microcontroller-Projekten wie auch Details zu meinen Büchern über die Themen Arduino und Sensoren.

Auf der Website des Verlages sind Informationen zu diesem Buch unter folgender Adresse verfügbar:

`https://mitp.de/0640`

Kontakt zum Autor

Anregungen, Rückmeldungen und Fragen können Sie über Twitter oder E-Mail an mich senden.

E-Mail: `maker@555circuitslab.com`

Twitter: `https://twitter.com/arduinopraxis`

Danksagung

Ein großer Dank geht an meine Familie, meine Frau Aga und meine Jungs Tim und Nik. Auch bei diesem Buchprojekt haben sie mir wieder den nötigen Freiraum gegeben.

Herzlichen Dank an meine Lektorin Sabine Schulz für den unkomplizierten und schnellen Ablauf bei der Entstehung dieses Buchprojekts.

Im März 2023

Thomas Brühlmann

Kapitel 1

Das Board

In diesem Kapitel werden die Hardware des Raspberry Pi Pico, die Anschlüsse und die Spannungsversorgung beschrieben.

1.1 Der Raspberry Pi Microcontroller RP2040

Der Raspberry Pi Pico und der Pico W werden mit einem Microcontroller RP2040 betrieben. Der RP2040 ist ein Microcontroller, der von der Raspberry Pi Foundation entwickelt wurde.

Abbildung 1.1 zeigt den integrierten Baustein.

Abb. 1.1: RP2040 – Raspberry Pi Microcontroller

Der RP2040 ist ein leistungsstarker Microcontroller mit einem Dual-core Arm Cortex-M0+ Processor.

Die Hauptmerkmale des RP2040 sind:

- 2 CPU Cores mit ARM-Cortex-M0 Prozessoren, getaktet mit 133 MHz
- 264 MB RAM, aufgeteilt auf 6 Blöcke
- Flexible I/O, UART, SPI und I2C-Schnittstellen, USB 1.1, 4-Kanal-Analog-Digital-Wandler, Programmierbarer I/O-Controller (PIO)

Die detaillierten technischen Daten des RP2040 sind in Kapitel 9 beschrieben.

Neben den beiden Pico-Boards gibt es mittlerweile viele weitere Boards, die den RP2040-Microcontroller nutzen. Der RP2040 kann bei vielen Elektronik-Händlern als einzelnes Bauteil gekauft werden.

1.2 Die Leiterplatte

Der Raspberry Pi Pico ist das bisher kleinste Board der Raspberry-Pi-Familie und hat eine Größe von 50 x 20 mm. Der Pico wird als kleine Leiterplatte mit seitlichen Anschlüssen geliefert. In Abbildung 1.2 ist der Raspberry Pi Pico zu sehen.

Abb. 1.2: Raspberry Pi Pico

Die wichtigsten Komponenten des Raspberry Pi Pico sind in Abbildung 1.3 farbig dargestellt.

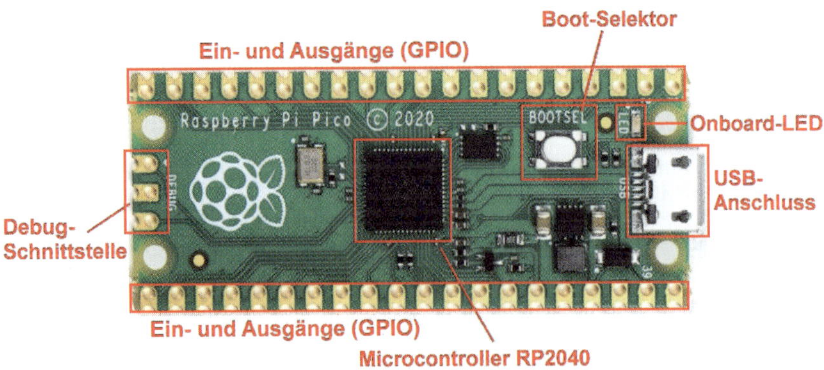

Abb. 1.3: Raspberry Pi Pico – Komponenten des Boards

Microcontroller

Die Zentraleinheit, also das Gehirn des Pico, ist der Microcontroller vom Typ RP2040. Dieser Microcontroller wurde von der Raspberry Pi Foundation eigens für dieses neue Board entwickelt. Die technischen Daten zum Board und dem Microcontroller sind in Kapitel 9 beschrieben.

Im Gegensatz zu den bisherigen Raspberry-Pi-Boards kann auf dem Pico kein Betriebssystem betrieben werden. Auf den Microcontroller wird eine Firmware geladen, die anschließend einzelne Programme ausführt. In diesem Buch wird der Einsatz von MicroPython beschrieben.

Ein- und Ausgänge

Über die goldenen Anschlusspads oder Lötflächen auf den Längsseiten können die externen Bauteile angeschlossen werden. Dabei kann ein einzelner Anschlussdraht oder eine Stiftleiste angelötet werden.

In der Praxis lohnt sich das Anlöten einer 20-poligen Stiftleiste. Dabei werden die Anschluss-Pins von der Unterseite des Pico aufgesteckt und an der Oberseite der Leiterplatte angelötet. In Abbildung 1.4 sind die Stiftleisten angelötet. Anschließend wurde der Pico auf ein Steckbrett aufgesteckt.

Abb. 1.4: Raspberry Pi Pico mit Stiftleisten auf Steckbrett

Das Anlöten von Stiftleisten für den Einsatz auf einem Steckbrett kennen Sie vielleicht schon von anderen Microcontroller-Boards wie dem Arduino Nano.

Die Anschlussbelegung des Pico ist in Abschnitt 1.4 beschrieben.

USB-Anschluss

Mit dem Anschließen eines USB-Kabels an den USB-Anschluss (Micro-USB-Typ B) wird der Raspberry Pi Pico mit Spannung versorgt. Gleichzeitig erfolgt über diese USB-Verbindung der Datenaustausch vom Pico zum angeschlossenen Rechner. Dazu gehört auch das Hochladen von neuen Programmen auf den Pico.

Onboard-LED

Die Onboard-LED ist intern am Ausgangspin GP25 des RP2040 angeschlossen und kann für Statusanzeigen verwendet werden.

Boot-Selektor

Der Boot-Selektor ist ein Drucktaster zur Selektion des Startmodus. Der Boot-Selektor wird später noch verwendet und beschrieben.

Debug-Schnittstelle

Die drei Anschluss-Pads mit der Bezeichnung DEBUG sind für die fortgeschrittene Fehlersuche, das sogenannte Debugging, herausgeführt. Die Schnittstelle wird als ARM-Serial-Wire-Debug-(SWD-)Schnittstelle bezeichnet. Die Verwendung dieser Schnittstelle ist in diesem Buch nicht beschrieben.

1.3 Die Leiterplatte Pico W

Die Leiterplatte des Raspberry Pi Pico W hat die gleichen Abmessungen wie der Pico.

In Abbildung 1.5 ist der Raspberry Pi Pico W abgebildet.

Die Unterschiede der Komponenten zwischen dem Pico und dem Pico W sind in Abbildung 1.6 dargestellt

Wireless-Chip CYW43439

Auf der Leiterplatte des Pico W wird ein Wireless-Chip CYW43439 von Infineon eingesetzt. Dieser Baustein erlaubt WLAN-Verbindungen im 2.4-GHz-Bereich nach dem Standard WiFi 4 (802.11n). Zusätzlich ist in diesem Baustein Bluetooth 5.2 integriert. Zum aktuellen Zeitpunkt wird Bluetooth aber noch nicht vom Pico W unterstützt.

Abb. 1.5: Raspberry Pi Pico W

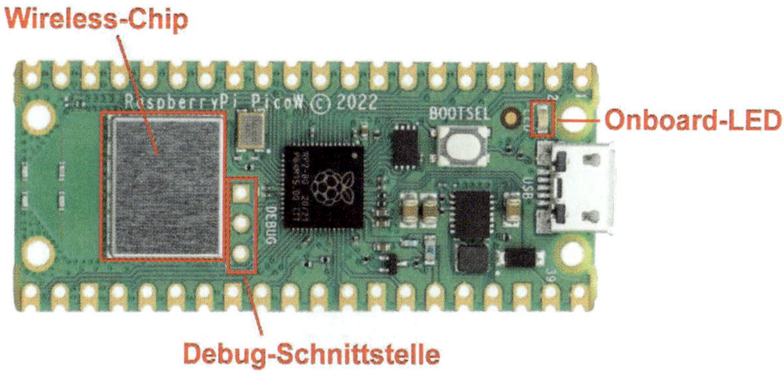

Abb. 1.6: Raspberry Pi Pico W – Komponenten des Boards

Onboard-LED

Die Onboard-LED ist, im Gegensatz zum Pico, am Ausgangspin GPIO0 des Wireless-Chips CYW43439 angeschlossen. Der beim Pico verwendete Pin wird für die Ansteuerung der Wireless-Chips verwendet.

Debug-Schnittstelle

Die Debug-Schnittstelle hat auf der Leiterplatte des Pico W eine veränderte Position. Die Technik ist wie bei Raspberry Pi Pico.

Die drei Anschluss-Pads mit der Bezeichnung DEBUG sind für die fortgeschrittene Fehlersuche, das sogenannte Debugging, herausgeführt. Die Schnittstelle wird als ARM-Serial-Wire-Debug-(SWD-)Schnittstelle bezeichnet. Die Verwendung dieser Schnittstelle ist in diesem Buch nicht beschrieben.

1.4 Anschlüsse

Die Anschluss-Pins des Pico sind an allen Seiten der Leiterplatte angeordnet.

An den Längsseiten findet man alle Ein- und Ausgänge, um externe Komponenten wie Schalter, Taster, Leuchtdioden, Sensoren oder Anzeigen anzuschließen.

Die Anschlussbelegung des Pico und des Pico W ist identisch.

In Abbildung 1.7 ist die Anschlussbelegung (Pinout) des Pico mit den verschiedenen Funktionen der einzelnen Pins dargestellt. Die Funktionen werden zusätzlich mit einzelnen Farben gezeigt. Die Ein- und Ausgänge für übliche GPIO-Funktionen, also allgemeine Ein- und Ausgänge, sind hellgrün. Die vier analogen Eingänge sowie die interne Referenzspannung sind dunkelgrün markiert.

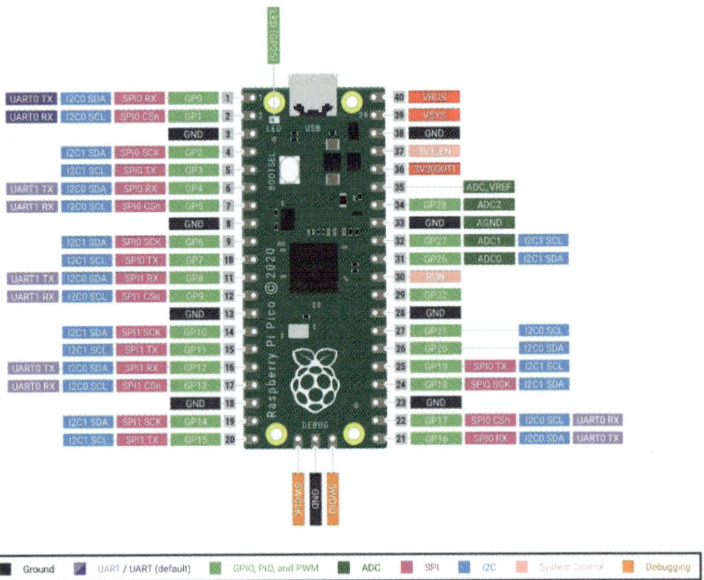

Abb. 1.7: Pico – Anschlussbelegung (Quelle: Website Raspberry Pi Foundation)

Abbildung 1.8 zeigt die Anschlussbelegung des Pico W. Hier ist die unterschiedliche Pin-Bezeichnung für die LED-Ansteuerung und die veränderte Position der Debug-Schnittstelle zu beachten.

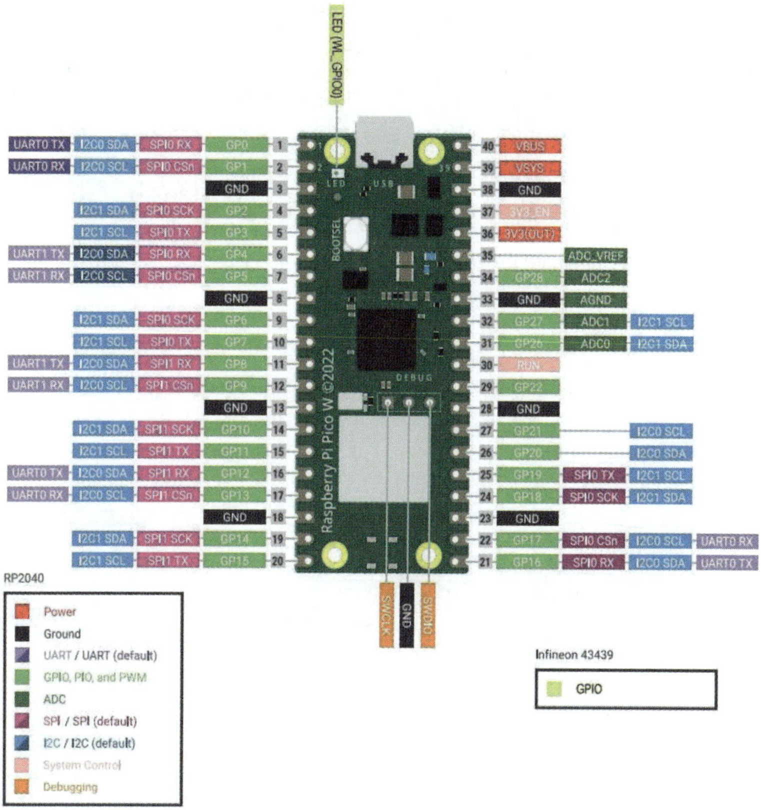

Abb. 1.8: Pico W – Anschlussbelegung (Quelle: Website Raspberry Pi Foundation)

Durch die vielen Anschluss-Pins und die verschiedenen Funktionen muss beim Anstecken einer Drahtverbindung immer genau geprüft werden, ob man den richtigen Pin verwendet. Leider ist die Pinbelegung nur auf der Rückseite des Raspberry Pi Pico aufgedruckt (Abbildung 1.9).

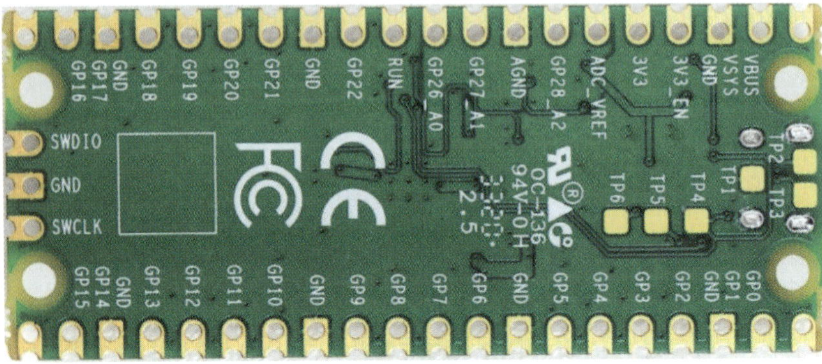

Abb. 1.9: Anschlussbelegung auf Rückseite

Wie bereits in Abschnitt 1.2 erwähnt, empfiehlt es sich, zwei 20-polige Stiftleisten an den seitlichen Anschlusspads anzulöten.

Ich habe mir für die sichtbare Anzeige der Anschlussbelegung eine kleine Leiterplatte entwickelt. Diese kann von unten an die Stiftleiste angeschlossen werden (Abbildung 1.10).

Abb. 1.10: Leiterplatte mit Anschlussbelegung

Stückliste (Anschluss-Pins)

- 1 Raspberry Pi Pico
- 2 Stiftleisten 1 x 20 Pin
- Lötzinn
- Lötkolben (30 bis 50 Watt)

Im ersten Schritt wird das Board von oben auf die Stiftleisten gesteckt.

Als Hilfe für die Positionierung der Stiftleisten kann auch eine unbestückte Lochrasterplatine verwendet werden (Abbildung 1.11).

Anschließend lötet man je einen Pin der beiden Stiftleisten von oben an. Um die Stiftleiste gerade zu zentrieren, muss man allenfalls den Pin nochmals erhitzen und mit der Hand die Position korrigieren.

Bevor man nun alle Pins der Stiftleiste anlötet, kann man das Board auf ein Steckbrett platzieren und so prüfen, ob die Stiftleisten geradestehen.

Beim Anlöten der Stiftleiste dürfen die Lötpads nicht zu lange erhitzt werden, da andernfalls aufgelötete Bauteile auf der Leiterplatte des Pico durch die Hitze verschoben werden.

Abb. 1.11: Stiftleisten anlöten

In vielen Tutorials und Anleitungen wird beschrieben, dass man die Stiftleisten am Pico anlöten soll, wenn diese im Steckbrett eingesteckt sind. Ich empfehle diese Variante nicht, da beim Löten Hitze entsteht, die den Kunststoff des Steckbretts angreifen kann. Falls man ein Steckbrett zur Verfügung hat, das nur für Lötarbeiten verwendet wird, kann diese Lösung trotzdem verwendet werden.

Für den praktischen Einsatz und für die Entwicklung von Anwendungen kann der Pico auch auf eine stabile Grundplatine gesteckt werden.

Zum aktuellen Zeitpunkt (März 2023) stehen etliche solcher Lösungen zur Verfügung. Als Beispiel kann das Grove Shield für Pi Pico von Seeedstudio erwähnt werden (Abbildung 1.12).

`https://www.seeedstudio.com/Grove-Shield-for-Pi-Pico-v1-0-p-4846.html`

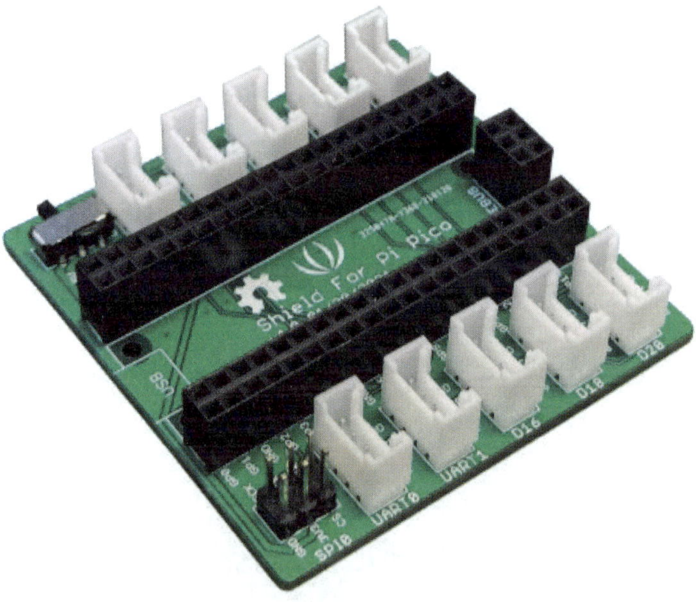

Abb. 1.12: Grove Shield für Pi Pico: (Bild Seeedstudio)

Für meine Anwendungen habe ich ein kleines Protoboard mit Stiftleisten für den Pico sowie vielen freien Lötpads erstellt (Abbildung 1.13).

Abb. 1.13: Protoboard für Pico

Die Leiterplatte ist in meinem Shop verfügbar:

`https://www.tindie.com/products/23201/`

1.5 Spannungsversorgung

Auf dem Raspberry Pi Pico ist eine Spannungsversorgungsschaltung aufgebaut, die die internen 3,3 V generiert. Die Eingangsspannung für diese Versorgung kann dabei im Bereich von 1,8 V bis 5,5 V liegen.

Durch diesen großen Spannungsbereich kann der Raspberry Pi Pico zukünftig auch mit einem einzelnen Lipo-Akku oder über mehrere AA-Batterien versorgt werden.

Falls der Pico über eine externe Spannungsquelle versorgt wird, muss die Versorgungsspannung über den Anschluss VSYS zugeführt werden.

Abbildung 1.14 zeigt das Beispiel mit der Zuführung der Versorgungsspannung via Anschluss VSYS. In diesem Fall ist noch eine zusätzliche Schottky-Diode notwendig.

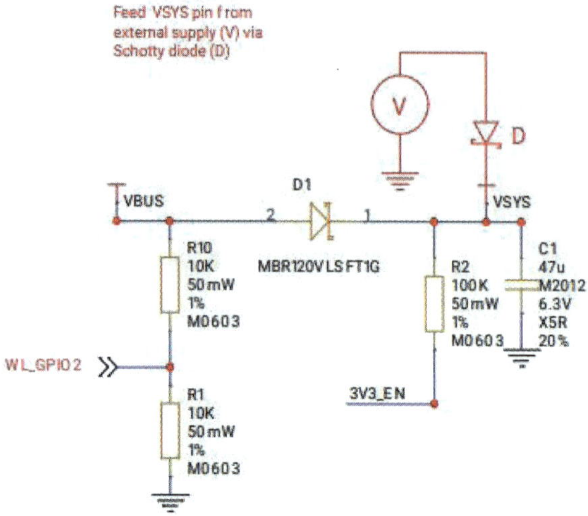

Abb. 1.14: Externe Spannungsversorgung (Quelle: Pico W Datasheet)

Für fortgeschrittene Anwender sind dazu im Datenblatt des Raspberry Pi Pico etliche Anwendungs-Beispiele beschrieben.

1.6 Spannungsversorgung Zusatzfunktionen

Die recht komplexe und clever aufgebaute Spannungsversorgung des Raspberry Pico und Pico W beinhaltet zusätzliche Funktionen, die vom Anwender genutzt werden können.

1.6.1 Abfrage USB

Mit einer Spannungsteiler-Schaltung in der Versorgung über den USB-Anschluss kann der Anwender abfragen, ob ein USB-Kabel am Pico angeschlossen ist.

Abbildung 1.15 zeigt diesen Schaltungsteil für den Raspberry Pi Pico.

Der digitale Eingang GPIO24 des Pico (beim Pico W ist das WL_GPIO2) fragt den Zustand des USB-Anschlusses ab. Ist ein Kabel angeschlossen, wird ein HIGH-Signal am Eingang gemessen. Ohne angeschlossenes USB-Kabel und einer Versorgung über eine externe Spannung wird ein LOW-Signal geliefert.

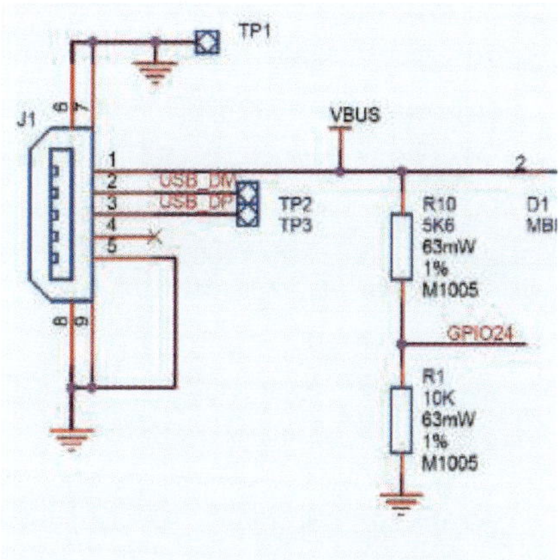

Abb. 1.15: Abfrage Spannung am USB-Stecker

1.6.2 Low Power

Der Anschluss 37 des Pico ist mit 3V3_EN bezeichnet und dient zum Ein- und Ausschalten des Onboard-Spannungsreglers.

Mit einem LOW-Signal am Eingang wird diese Funktion aktiviert. Dabei wird der Spannungsregler ausgeschaltet und der Pico ist nicht mehr aktiv. Das Steuersignal wird dabei von einer externen Schaltung, die auch extern mit Spannung versorgt ist, aktiviert.

Diese Funktion dient dazu, den Raspberry Pi Pico in einen Ausschalt-Zustand zu versetzen. Dabei wird der Stromverbrauch bedeutend minimiert.

Mögliche Anwendungsfälle sind:

- Lichtsteuerung
- Sensorboard mit Datenlieferung pro Zeiteinheit
- Zeitgesteuerte Funktion (Bewässerung)

Kapitel 2
Die Software

In diesem Kapitel wird die Entwicklungsumgebung ThonnyIDE installiert und die Firmware MicroPython auf den Raspberry Pi Pico geladen. Anschließend kann das erste MicroPython-Programm auf den Pico geladen werden.

MicroPython ist nur eine Option, wenn es um die Programmierung von Microcontroller-Boards geht. Weitere mögliche Programmiersprachen sind C/C++ oder CircuitPython.

In diesem Buch wird MicroPython, das von der Raspberry Pi Foundation als Python-Variante gewählt wurde, installiert und mit vielen Beispielen beschrieben.

2.1 Thonny-Entwicklungsumgebung (IDE)

Die Software Thonny ist eine einfache und beliebte Entwicklungsumgebung, in Englisch IDE (Integrated Development Environment) genannt, für die Programmierung von Python und MicroPython.

Die Software kann kostenlos von der Thonny-Website geladen werden.

2.1.1 Installation von Thonny

Gehen Sie auf die Website thonny.org und laden Sie sich die Thonny-Version für Ihr Betriebssystem herunter. Zum aktuellen Zeitpunkt ist dies die Version 3.3.3.

Falls Sie planen, die Pico-Entwicklung auf einem Raspberry Pi mit Raspberry Pi OS auszuführen, müssen Sie nichts unternehmen. Thonny ist nämlich bereits auf dem System installiert.

Andernfalls installieren Sie nach dem Download Thonny auf Ihrem System, indem Sie den Anweisungen des Installers folgen.

Nachdem die Software installiert ist, kann die ThonnyIDE gestartet werden. Die Entwicklungsumgebung öffnet sich mit einem leeren Codefenster. Unterhalb der Menüpunkte ist der Bereich der Code-Eingabe (grün markiert) angeordnet. Unterhalb des Code-Bereichs liegt die Shell (rot markiert). Über die Shell können Code-Anweisungen direkt ausgeführt werden und gleichzeitig werden in der Shell Status-Meldungen und Informationen ausgegeben (Abbildung 2.1). In der Standard-Einstellung nach der Installation wird die Python-Version angegeben.

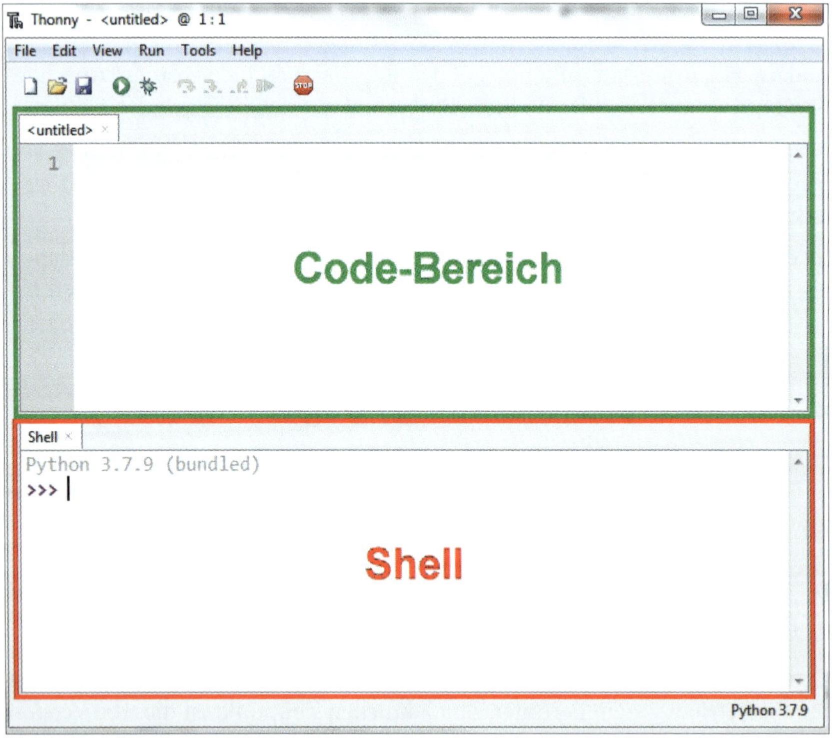

Abb. 2.1: Thonny-Entwicklungsumgebung

2.1.2 Konfiguration von Thonny

Nach der erfolgreichen Installation von Thonny öffnet sich die Anwendung mit einem leeren Code-Blatt. Als Standard-Interpreter ist Python 3.7 eingestellt, was man über die Shell unterhalb des Codefensters erkennen kann.

Mit der Eingabe einer Testzeile in der Shell kann Python getestet werden. Geben Sie

```
print("Hello Python")
```

ein und es wird eine Python-Ausgabe des Textes ausgeführt (Abbildung 2.2).

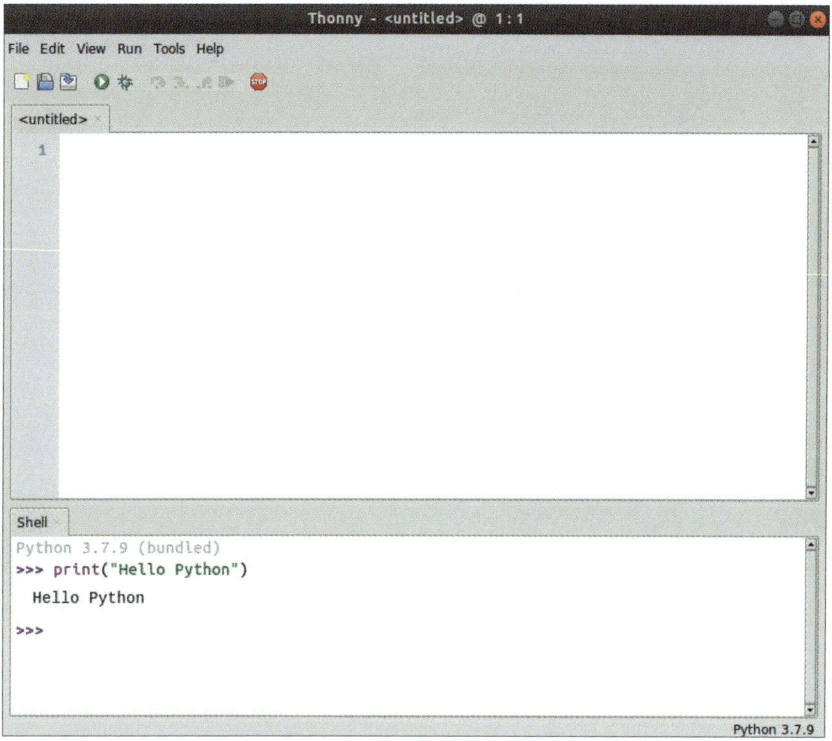

Abb. 2.2: ThonnyIDE – Test Python

Nun muss noch der MicroPython-Interpreter für Pico eingestellt werden.

Gehen Sie im Hauptmenü auf Run|Select interpreter und wählen Sie den Interpreter für den Pico aus (Abbildung 2.3).

Unter der Auswahl Port kann der Port eines angeschlossenen Raspberry Pi Pico ausgewählt werden.

Nach Bestätigen mit OK ist die Installation von Thonny abgeschlossen.

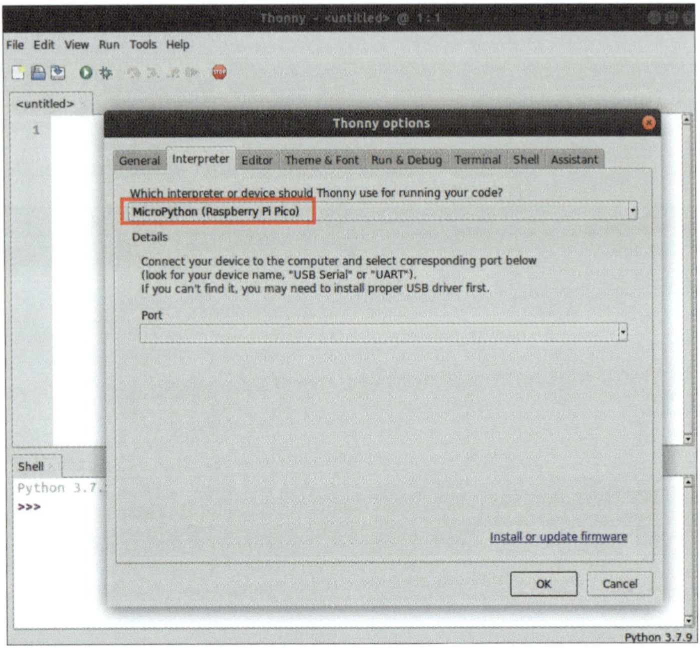

Abb. 2.3: ThonnyIDE – Interpreter MicroPython für Pico

2.2 MicroPython

Python ist eine Programmiersprache für Desktop- und Serveranwendungen und wurde in den 90er-Jahren entwickelt und nach der bekannten Comedy-Truppe »Monty Python« benannt. Python ist momentan sehr beliebt und kann als aufstrebende Programmiersprache bezeichnet werden.

MicroPython ist eine Python-kompatible Programmiersprache und wurde speziell für den Einsatz mit Microcontrollern entwickelt und optimiert. Die offizielle Implementation von MicroPython basiert auf dem Python-3.4-Befehlssatz.

Wenn Sie also bereits mit Python programmiert haben, wird Ihnen bei MicroPython ziemlich viel bekannt vorkommen und der Umgang damit wird Ihnen leichtfallen. Die Beispiele sind aber so aufgebaut, dass Sie auch als Einsteiger die Programme verstehen.

Für den Einsatz auf Microcontrollern, in unserem Fall dem Raspberry Pi Pico, muss eine Firmware auf das Microcontroller-Board geladen werden.

MicroPython-Programme können in der Entwicklungsumgebung oder direkt auf dem Board gespeichert ausgeführt werden.

2.2.1 MicroPython für Raspberry Pi Pico

MicroPython für den Pico steht auf der Website des Raspberry Pi Pico zum Download bereit:

`https://www.raspberrypi.com/documentation/microcontrollers/`

Folgen Sie dem Link GETTING STARTED WITH MICROPYTHON (Abbildung 2.4).

Abb. 2.4: MicroPython für Pico

In Abbildung 2.5 sehen Sie den Download der Firmware in Form einer UF2-Datei. Es ist zu beachten, dass für die beiden Boards Pico und Pico W unterschiedliche Dateien zur Verfügung stehen.

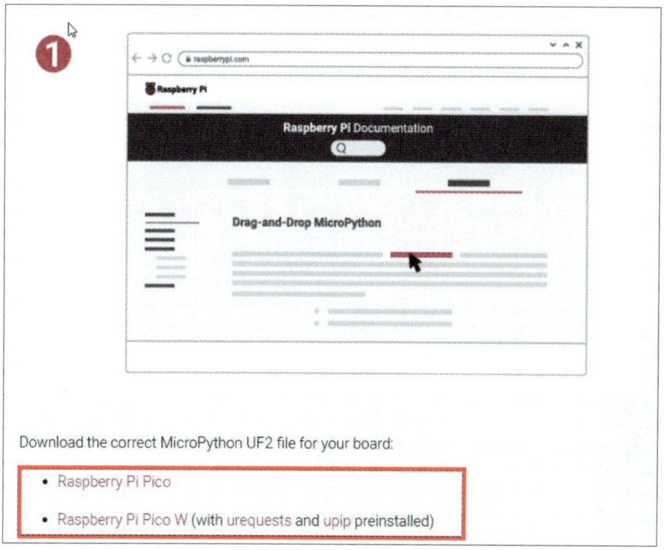

Abb. 2.5: MicroPython – Download UF2-Datei

Die aktuelle Version der heruntergeladenen Datei steht dann im Download-Ordner Ihres Betriebssystems zur Verfügung (Abbildung 2.6).

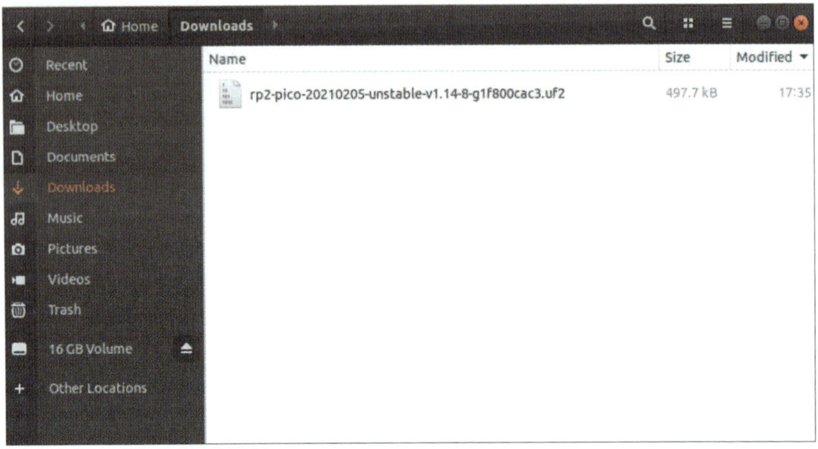

Abb. 2.6: UF2-Datei im Download-Ordner

2.2.2 Installation von MicroPython

Nach dem Download der UF2-Datei muss diese nun auf den Pico geladen werden.

Im ersten Schritt nehmen Sie den Pico zur Hand, drücken die Boot-Selektor-Taste (auf dem Pico mit BOOTSEL bezeichnet).

Halten Sie die Taste gedrückt und verbinden Sie den Pico über das USB-Kabel mit Ihrem Rechner (Abbildung 2.7).

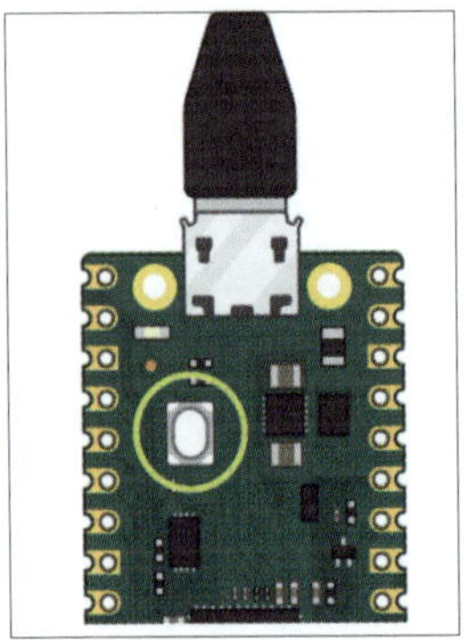

Abb. 2.7: MicroPython auf den Pico laden – Taste BOOTSEL drücken

Nach dem Verbinden des USB-Kabels kann die Taste BOOTSEL losgelassen werden.

Nun öffnet sich in Ihrem Filesystem ein Explorer-Fenster mit einem neuen Massenspeicher RPI-RP2 (Abbildung 2.8).

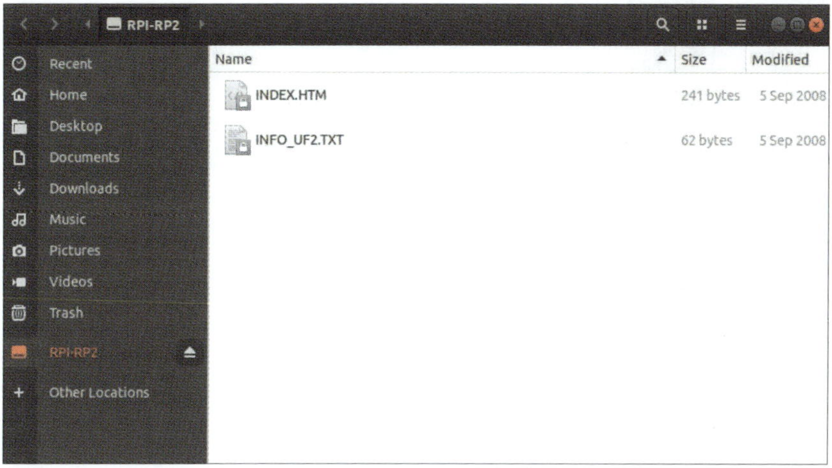

Abb. 2.8: MicroPython auf den Pico laden (Massenspeicher)

Öffnen Sie jetzt auf Ihrem Rechner den Download-Ordner mit der heruntergeladenen UF2-Datei (Abbildung 2.9).

Abb. 2.9: MicroPython auf den Pico laden

Ziehen Sie nun die UF2-Datei mit der Firmware auf den Massenspeicher RPI-RP2 (Abbildung 2.10).

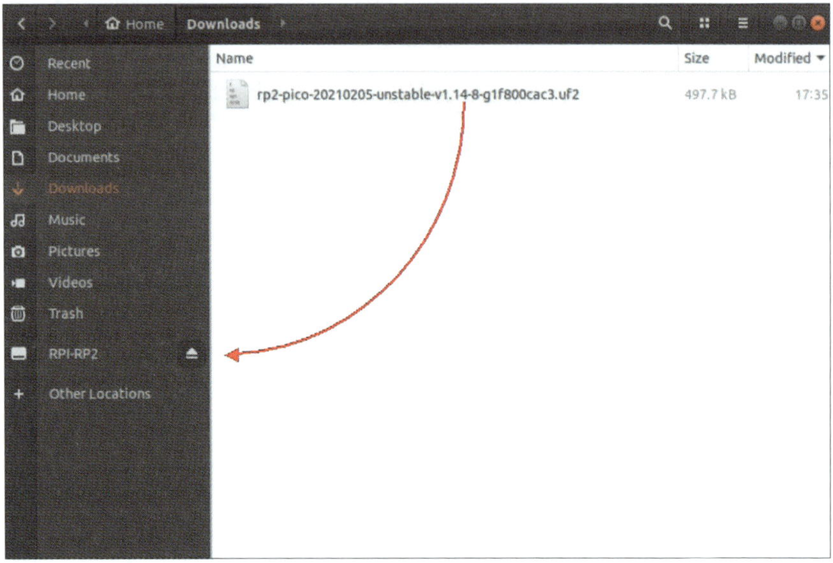

Abb. 2.10: MicroPython auf den Pico laden – Firmware auf Board

Sobald die Firmware-Datei auf den Pico kopiert ist, wird die Firmware ausgeführt und der Massenspeicher verschwindet auf Ihrem Rechner.

Damit ist die Programmiersprache MicroPython auf Ihrem Raspberry Pi Pico installiert.

2.2.3 MicroPython in ThonnyIDE

Mit dem Öffnen von Thonny, während der Pico über USB am Rechner angeschlossen ist, erkennt die Entwicklungsumgebung das angeschlossene Pico-Board und gibt eine Erfolgsmeldung aus (Abbildung 2.11).

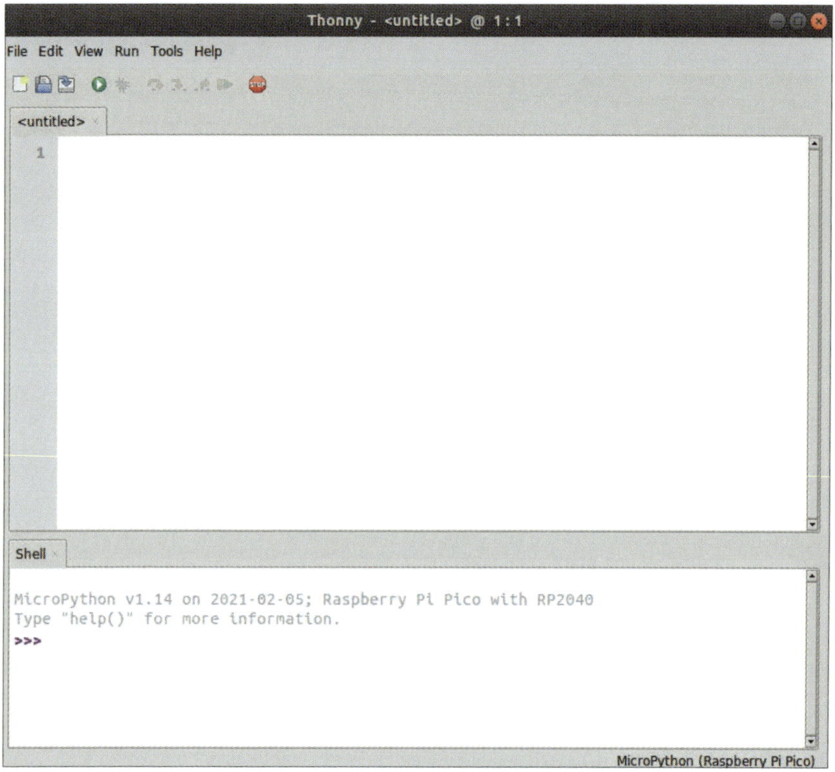

Abb. 2.11: ThonnyIDE – MicroPython mit Raspberry Pi Pico

Falls kein Board erkannt wird, muss in den Interpreter-Einstellungen die Port-Auswahl überprüft werden (Abbildung 2.12).

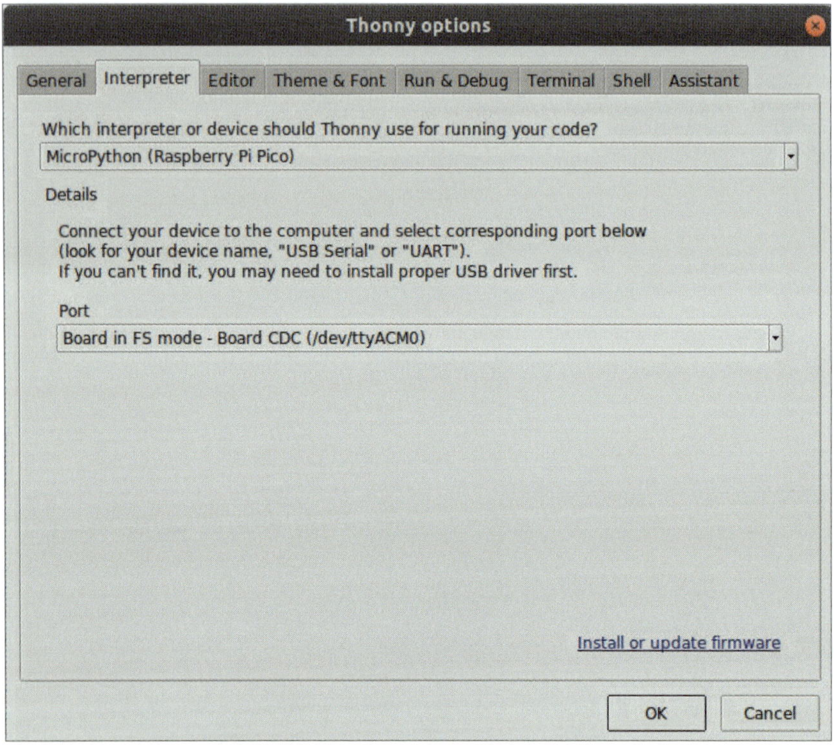

Abb. 2.12: ThonnyIDE – Pico-Board angeschlossen

Kapitel 3
Erste Schritte

In diesem Kapitel werden Sie das erste Programm in MicroPython erstellen und auf den Raspberry Pi Pico laden. Nach dem Blink-Programm lernen Sie den Programmaufbau und die ersten Programmbefehle kennen.

3.1 Erstes Programm

Die Programmierung des Pico über die Thonny-Entwicklungsumgebung erfordert einen angeschlossenen Raspberry Pi Pico. Somit müssen Sie den Pico über das USB-Kabel mit dem Rechner verbinden.

In der Shell wird die Verbindung mit einem entsprechenden Hinweis ausgegeben (Abbildung 3.1)

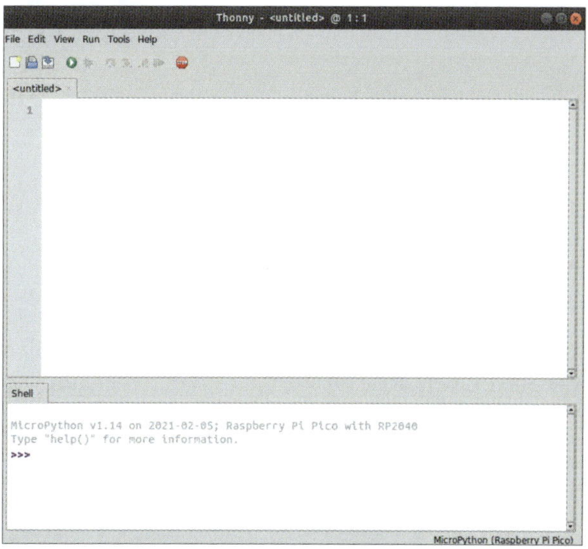

Abb. 3.1: ThonnyIDE – MicroPython mit Pico

Das erste Programm kann nun über die Shell ausgeführt werden. Dazu gibt man in der Shell nach >>> die Programm-Anweisung ein.

In unserem Fall werden wir einen Text in der Konsole ausgeben und mit einem Zeilenumbruch (ENTER) bestätigen

```
print("Hallo Raspberry Pi Pico")
```

Nach der Eingabe wird das Programm direkt ausgeführt. Der MicroPython-Interpreter, der auf dem Pico läuft, führt die Anweisung umgehend aus. Dieser Modus wird als »interactive Mode« bezeichnet (Abbildung 3.2)

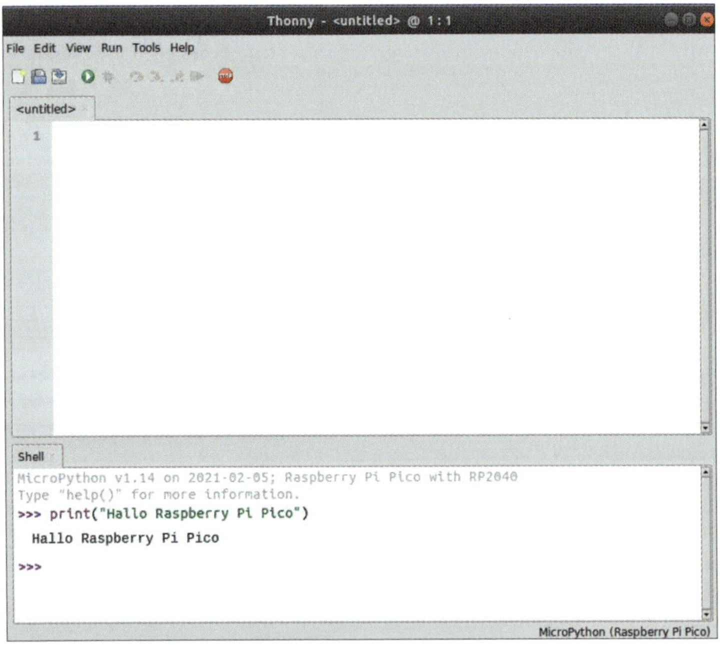

Abb. 3.2: MicroPython – Anweisung im interactive Mode

In diesem Betriebsmodus können auch Anweisungen über mehrere Zeilen eingegeben werden. Diese Shell-Oberfläche ist ebenfalls unter der englischen Abkürzung *repl* (read, evaluate, print und loop) bekannt.

Wir wollen nun die Onboard-Leuchtdiode (eine Leuchtdiode wird in der Kurzform als LED bezeichnet) ansteuern.

Die Onboard-LED ist bei den beiden Pico-Boards unterschiedlich (Tabelle 3.1).

Board	Pin	Wert im Code
Raspberry Pi Pico	GP25	25
Raspberry Pi Pico W	WL_GPIO0	LED

Tab. 3.1: Pin für Onboard-Leuchtdiode

Dazu müssen wir im ersten Schritt eine sogenannte Bibliothek (Library), also ein vorgefertigtes Paket von MicroPython-Code mit Funktionen, importieren. In unserem Fall die Bibliothek `machine`. Diese Bibliothek beinhaltet alle Funktionen, die zur Kommunikation mit dem Pico und zur Ansteuerung der einzelnen Pins benötigt werden.

```
import machine
```

In der nächsten Programmzeile definieren wir eine Variable `led`. Diese ist ein aussagekräftiger Verweis auf den Pin für die Onboard-LED. Den Variablen-Namen können Sie nach Wunsch wählen, auch `Hotdog`, `Susanne` oder `Schlafsack` würden funktionieren. In der Programmierung verwendet man aber aussagekräftige Variablennamen, um in einem längeren Programm auch den Zusammenhang zu verstehen. Ein anderer Anwender, der Ihren Code verwendet, würde bei der Variablen `Hotdog` nicht direkt einen Zusammenhang mit der Leuchtdiode erkennen.

Für die Ansteuerung der Leuchtdiode wird eine Funktion `Pin` aus der `machine`-Bibliothek verwendet. Dieser Funktion müssen wir die Pin-Nummer 25 (Pico) beziehungsweise die Pinvariable und die Art des Pins (Eingang oder Ausgang) übergeben.

Pico:

```
led=machine.Pin(25, machine.Pin.Out)
```

Pico W:

```
machine.Pin("LED", machine.Pin.Out)
```

Jetzt können wir der LED den Wert 1 übergeben.

```
led.value(1)
```

Mit dem Wert 1 wird die Leuchtdiode eingeschaltet und mit 0 kann diese wieder ausgeschaltet werden.

```
led.value(0)
```

Gratulation, Sie haben das erste MicroPython-Programm für den Pico geschrieben!

Dieses interaktive Betriebsmodul eignet sich natürlich nur für Tests und für einfache Eingaben über die Shell-Oberfläche. Die einzelnen Zeilen dieses »Programms« sind nämlich nicht gespeichert. Nach dem nächsten Start der Entwicklungsumgebung oder einem Neustart des Pico ist das Programm nicht mehr vorhanden.

3.2 Projekt »Blink LED«

In diesem ersten richtigen Programm wollen wir jetzt die einzelnen Anweisungszeilen aus Abschnitt 3.1 zu einem Programm zusammenführen und als Programm speichern.

Im ersten Schritt werden wieder die nötigen Bibliotheken geladen. Die `utime`-Bibliothek wird für die Wartezeit zwischen den Blink-Zuständen benötigt.

```
import machine
import utime
```

Nun wird für den Raspberry Pi Pico die Variable für die Onboard-Leuchtdiode deklariert und dem Pin 25 zugewiesen.

```
led=machine.Pin(25, machine.Pin.OUT)
```

Im Hauptprogramm wird nun der Wert der LED-Variablen auf 1 gesetzt und die LED leuchtet. Anschließend erfolgt eine Wartezeit von 1 Sekunde. Danach wird die Leuchtdiode wieder mit dem Wert 0 ausgeschaltet. Nach einer weiteren Wartezeit von 1 Sekunde ist ein Programmdurchlauf abgeschlossen und beginnt wieder von vorne.

```
while True:
    led.value(1)
    utime.sleep(1)
    led.value(0)
    utime.sleep(1)
```

Nach dem Erstellen des Blink-Programms kann es gespeichert werden. Falls auf dem Pico bereits ein Programm läuft, muss dieses über das Stopp-Icon in der Menüleiste gestoppt werden.

Mit dem Aufruf der Speicher-Funktion in Thonny öffnet sich ein Dialogfenster.

Hier besteht die Möglichkeit, das Programm lokal auf dem Rechner oder auf dem Pico abzuspeichern (Abbildung 3.3).

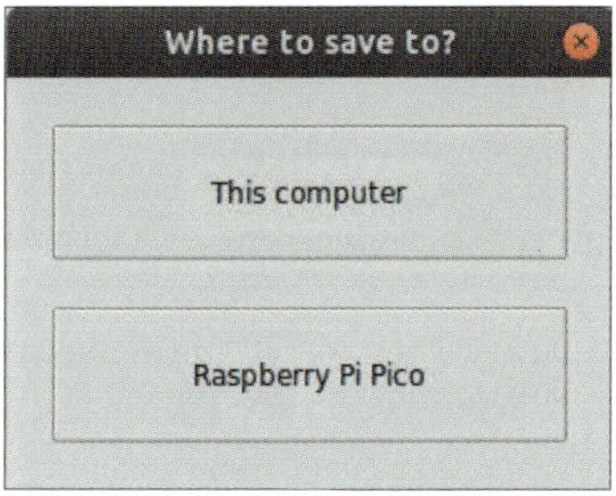

Abb. 3.3: MicroPython-Programm speichern

Wir wählen die Auswahl Raspberry Pi Pico und speichern das Blink-Programm als Datei `blink.py` auf dem Pico ab (Abbildung 3.4).

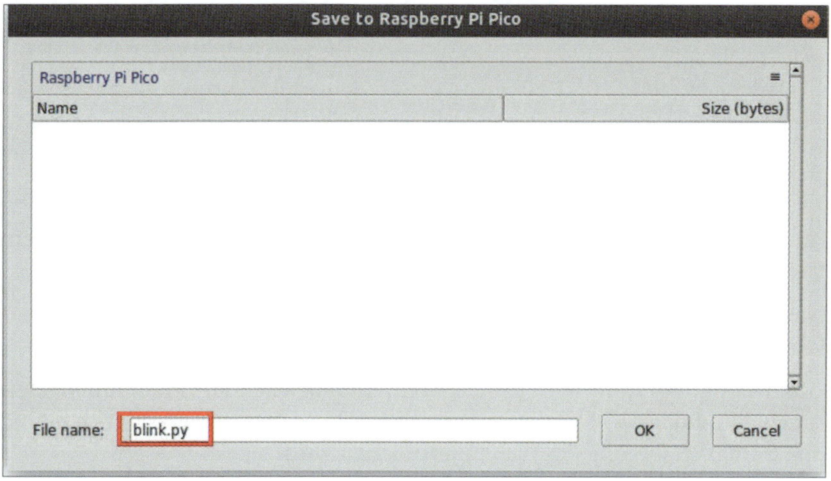

Abb. 3.4: blink.py auf Pico speichern

Somit ist das erste MicroPython-Programm gespeichert und kann bei Bedarf auch wieder vom Pico geladen werden.

Wenn bei jedem Start des Pico das gleiche Programm geladen werden muss, muss dieses als Datei `main.py` gespeichert werden. Auf diese Weise kann der Pico auch ohne mit dem Rechner verbunden zu sein ein gewünschtes Programm ausführen. MicroPython prüft dabei jeweils, ob eine Datei `main.py` im Filesystem des Pico vorhanden ist.

3.3 Programmaufbau

Das Beispiel »Blink« aus Abschnitt 3.3 zeigt die Grundstruktur eines Programms für den Pico in MicroPython.

Mit Kommentaren versehen sieht der Programmaufbau anhand des Blink-Programms so aus:

```
#Bibliotheken
import machine
import utime

#Variablen
led=machine.Pin(25, machine.Pin.OUT)

#Funktionen

#Loop
while True:
    led.value(1)
    utime.sleep(1)
    led.value(0)
    utime.sleep(1)
```

Im Blink-Beispiel ist einzig bei den Funktionen keine Codezeile vorhanden. Dieses Programm führt keine eigene Funktion aus.

Nach dem Import der Bibliotheken und der Initialisierung von Variablen und Objekten wird das Hauptprogramm (Loop) ausgeführt.

Das Hauptprogramm wird jeweils vom Anfang bis zum Ende durchlaufen und beginnt dann wieder am Anfang. Dieser Vorgang wird ausgeführt, bis die Spannungsversorgung des Pico unterbrochen wird.

Im Hauptprogramm der Blink-Anwendung wird die Leuchtdiode ein- und ausgeschaltet, wobei dazwischen jeweils eine Wartezeit von einer Sekunde liegt.

Kommentare

Für Kommentarzeilen setzt man ein # vor die jeweilige Zeile. Alle Anweisungen hinter dem Zeichen # werden als Kommentar betrachtet und nicht ausgeführt.

Kommentare eignen sich, um den eigenen Programmcode mit Erklärungen zu ergänzen.

```
#Bibliotheken
import machine
import utime
...
```

Variablen

Variablen in MicroPython sind wie in jeder anderen Programmiersprache kleine Speicher, die einen Namen besitzen und Daten speichern. Der Variablenname kann dabei nach Wunsch gewählt werden und sollte aussagekräftig sein. In jeder Programmiersprache gibt es reservierte Namen, die nicht als Variablennamen verwendet werden dürfen. In Python oder MicroPython sind das beispielsweise:

`and, break, def, class, else, False, not, or, True`

Eine ausführliche Liste der reservierten Namen für Python beziehungsweise MicroPython finden Sie hier:

`https://www.w3schools.com/python/python_ref_keywords.asp`

Auch beim Einsatz von Sonderzeichen ist Vorsicht geboten.

Im Beispiel der Variablen `led` wird in der Variablen der Verweis auf den Ausgang mit der Onboard-Leuchtdiode gespeichert:

```
led=machine.Pin(25, machine.Pin.OUT)
```

Im ganzen Programm kann anschließend die Variable `led` quasi als Platzhalter eingesetzt werden. Möchte man den Inhalt der Variablen ändern, beispielsweise einen anderen Pin verwenden, muss die neue Pin-Nummer nur zu Beginn des MicroPython-Programms angepasst werden.

Beispiel: externe Leuchtdiode an Pin GP2

```
led=machine.Pin(2, machine.Pin.OUT)
```

In einem Programm kann sich der Wert der Variablen während des Programmablaufs verändern. Eine Zählervariable `runden` startet mit einem Wert 0 und wird jeweils um 1 erhöht. Der Wert der Zählervariablen wird in der Shell ausgegeben.

Beispiel: Rundenzähler

```
# RPi Pico - Rundenzähler

import machine
import utime

runden=0

while True:
    print("Runden:",runden)
    runden=runden+1
    utime.sleep(1)
```

In diesem Beispiel des Rundenzählers beginnt der Zähler bei 0. In jedem Programmdurchlauf wird der Wert um 1 erhöht:

```
runden=runden+1
```

Die Ausgabe erfolgt mit der `print()`-Anweisung. Dem String `"Runden:"` wird der Variablenwert von `runden` angehängt.

Der Inhalt einer Variablen kann aber nicht nur ein Zahlenwert sein. In einer Variablen kann auch ein String gespeichert sein.

```
board = "Raspberry Pi Pico"
StringVariable = "Das ist ein String"
```

Objekte

In einer objektorientierten Programmiersprache wie MicroPython werden Datenmengen als Objekte behandelt. Ein Objekt hat dabei einen Namen, einen Datentyp (Objekttyp) und Eigenschaften (Attribute). Durch sogenannte Methoden kann ein Objekt verschiedene Aufgaben erfüllen.

Funktionen

Als Funktionen werden Programmteile bezeichnet, die als eigenes kleines Programm aufgebaut sind und über einen Funktionsnamen aufgerufen werden.

Im Blink-Programm finden Sie die Funktion `sleep()`. Dies ist eine Funktion aus der Bibliothek `utime`.

Somit wird diese Funktion über folgenden Aufruf ausgeführt:

```
utime.sleep(zeit)
```

Beim Aufruf der Funktion `sleep` wird gleichzeitig ein Parameter, in diesem Fall eine Zahl, übergeben, also:

```
utime.sleep(5)
```

Die Zahl 5 bedeutet 5 Sekunden. Der gesamte Aufruf führt also eine Verzögerung von x Sekunden aus.

Die Sleep-Funktion ist eine Funktion aus der Bibliothek `utime`. Der Anwender muss den Programmcode für diese importierte Funktion nicht kennen. Beim Einsatz einer importierten Funktion müssen nur der Aufruf und die nötigen Parameter bekannt sein.

Neben den importierten Funktionen kann man auch eigene Anwendungen im MicroPython-Code erstellen. Funktionen werden meist erstellt, wenn sich verschiedene Anweisungen im Code immer wiederholen. Vorteil dabei ist, dass man bei einer Code-Änderung nur an einer Stelle die Code-Zeilen ändern muss.

Eigene Funktionen werden immer wie folgt definiert:

```
def Funktionsname(Parameter):
    #Programm-Code
```

Im Hauptprogramm kann dann anschließend die Funktion aufgerufen werden. Je nach Anwendungsfall müssen Parameter mitgegeben werden:

```
while True:
    Funktionsname(Parameter)
    #weiterer Programm-Code
```

In diesem Beispiel wird die Umrechnung von Temperaturwerten von Celsius in Fahrenheit und umgekehrt von Fahrenheit in Celsius in eigene Funktionen ausgelagert.

Im Programm (`buch-rpi-pico-kap3-tempumrechnung.py`) wird zuerst die notwenige Bibliothek für die Zeitverzögerung geladen:

```
import utime
```

Anschließend werden die beiden Umrechnungsfunktionen definiert. Bei jeder Funktion wird ein Übergabeparameter, Temperatur in Celsius beziehungsweise Temperatur in Fahrenheit, mitübergeben. Beide Funktionen geben einen Variablenwert zur Weiterverarbeitung zurück.

```
def ConvFtoC(tempF):
    tempC=((tempF-32)/1.8)
    return tempC

def ConvCtoF(tempC):
    tempF=(tempC*1.8)+32
    return tempF
```

Im Hauptprogramm werden nun nacheinander die Umrechnungsfunktionen aufgerufen und die zurückgegebenen Werte in Variablen gespeichert. Anschließend erfolgt die Ausgabe der Temperaturwerte in der Shell.

```
while True:
    celsius=ConvFtoC(98)
    print("Celsius:")
    print(celsius)
    utime.sleep(1)
    fahrenheit=ConvCtoF(celsius)
    print("Fahrenheit:")
    print(fahrenheit)
    utime.sleep(1)
```

Mit dem Einsatz von Funktionen kann man das MicroPython-Programm für den Pico strukturieren und übersichtlich aufbauen.

3.4 Steckbrett und Elektronik

Der Raspberry Pi Pico ist ein Microcontroller-Board mit einer großen Anzahl an Schnittstellen zur Außenwelt. In den meisten Anwendungsfällen sind Komponenten, Kabel oder Schnittstellen-Module am Pico angeschlossen. Damit kommen Sie als Anwender auch mit elektronischen Komponenten in Kontakt.

3.4.1 Steckbrett

Das Steckbrett (in Englisch Breadboard) ist die Basis für elektronische Experimente und quasi eine steckbare Leiterplatte, ohne dass man die Komponenten auflöten muss. Wie der Name aussagt, werden die Komponenten gesteckt.

Im Elektronik-Handel sind verschiedene Varianten von Steckbrettern erhältlich. In Abbildung 3.5 sehen Sie eine Auswahl.

Jede Steckbrett-Variante funktioniert nach dem gleichen Prinzip. Ein Kunststoffgehäuse mit kleinen Öffnungen auf der Oberseite umschließt viele integrierte Kontakte. Bauteile werden nun von oben in die kleinen Löcher gesteckt und erstellen eine Verbindung mit dem Kontakt im Steckbrett. Bei den meisten Steckbrettern sind jeweils fünf Kontakte in vertikaler Richtung miteinander verbunden. Auf größeren Steckbrettern sind zusätzlich noch horizontale Kontakte vorhanden, die für die Verteilung der Spannungsversorgung genutzt werden können.

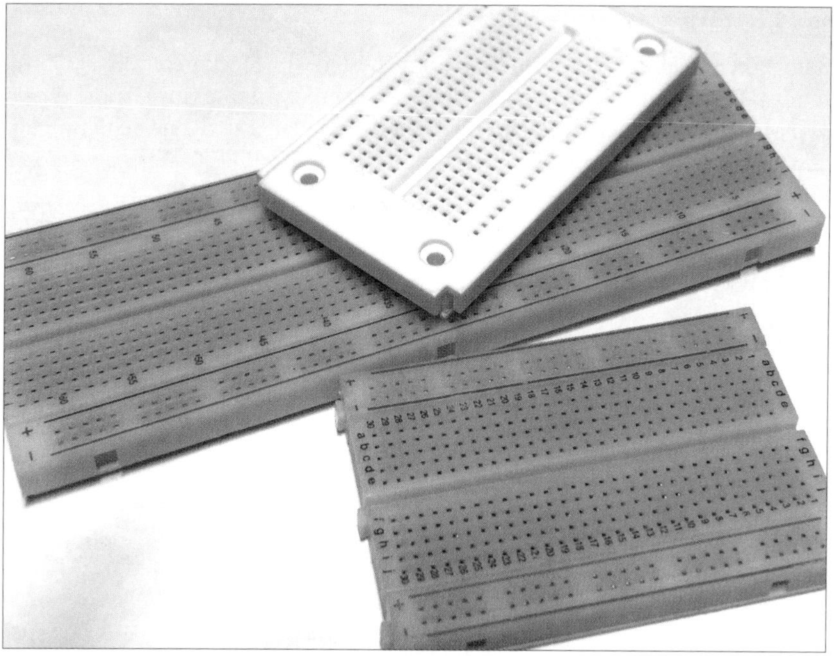

Abb. 3.5: Verschiedene Varianten von Steckbrettern

Abbildung 3.6 zeigt links ein Steckbrett von mittlerer Größe und rechts ein Ministeckbrett. In Blau sind die vertikal und horizontal verbundenen Kontakte abgebildet. Das Mini-Steckbrett besitzt nur vertikale Anschlusskontakte für Bauteile.

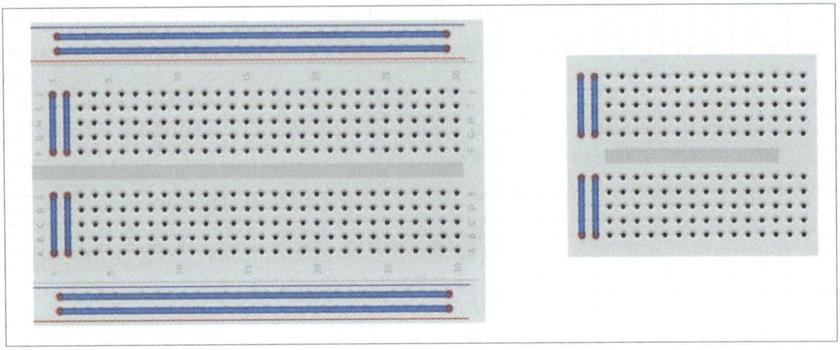

Abb. 3.6: Steckbrett – Kontaktanordnung

Beim Einsatz eines Pico eignet sich am besten ein Steckbrett mit 830 Anschluss-Pins (Abbildung 3.7). Mit dieser Steckbrettvariante (im Handel oft als Typ MB-102 erhältlich) hat man noch genügend Platz für eigene Schaltungen.

Abb. 3.7: Steckbrett mit 830 Anschluss-Pins und aufgestecktem Pico

Ein Steckbrett ist für den lötfreien Einsatz von elektronischen Schaltungen ausgelegt. Das Löten von eingesteckten Anschlussdrähten und Bauteilanschluss-Pins ist nicht zu empfehlen, obwohl dies in vielen Tutorials und Online-Videos gezeigt wird. Beim Löten wird die Hitze vom Bauteilanschluss ins Innere des Steckbretts geführt. Die Wärmeentwicklung kann den Kunststoff weich machen und die internen Anschlusskontakte können sich verschieben. Das Resultat sind dann Kontaktprobleme beim Schaltungsaufbau.

Anschlussdrähte für das Steckbrett

Für die Verbindungen zwischen einzelnen Anschluss-Pins der Komponenten auf dem Steckbrett verwendet man am besten isolierte Drähte, die an beiden Enden jeweils abisoliert sind oder vorgefertigte Drahtverbindungen mit Anschlusskontakten an beiden Enden.

Die vorgefertigten Anschlussdrähte, im Bastler-Umfeld oft als *Jumper-Wire* bezeichnet, gibt es in verschiedenen Farben und Längen.

Falls man die Verbindungen mit isolierten Drähten selber herstellen will, verwendet man am besten isolierten Anschlussdraht mit einem Durchmesser von 0,64 mm (das entspricht AWG22). Dazu isoliert man an beiden Drahtenden jeweils 8 bis 10 mm ab.

In Abbildung 3.8 werden beide Varianten von Anschlussdrähten gezeigt.

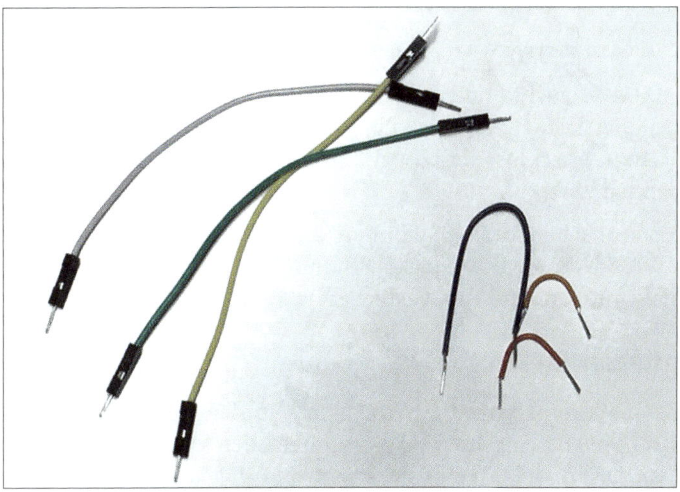

Abb. 3.8: Anschlussdrähte für das Steckbrett

Bauteile auf dem Steckbrett

Die verschiedenen Bauteile werden nun in die einzelnen Anschlusskontakte des Steckbretts gesteckt. Die nötigen Verbindungen werden mit einzelnen, farbigen Anschlussdrähten realisiert. Im Beispiel aus Abbildung 3.9 wird die interne Spannung des Pico auf die horizontalen Leitungen geführt, blau für GND und die rote Leitung für die Plus-Leitung der 3,3-V-Versorgung.

Abb. 3.9: Bauteile auf dem Steckbrett

Die Schaltung mit der Leuchtdiode wird rechts vom Pico auf dem freien Platz aufgebaut. Das Signal gelangt vom Pico über den orangen Draht zum Vorwiderstand, der Minus-Anschluss der Leuchtdiode ist über den blauen Draht mit GND verbunden.

Mit den farbigen Anschlussdrähten können Sie Ihre Schaltung übersichtlich aufbauen. Wie Sie aus dem Beispiel aus Abbildung 3.9 sehen, werden die Spannungssignale mit Blau und Rot, weitere Signale mit Orange ausgeführt.

3.4.2 Bauteile der Elektronik

Die Bauteile der Elektronik sind die Arbeitstiere in der Elektronik. Durch das Zusammenführen von einzelnen einfachen Bauteilen kann eine Funktion realisiert werden. Der Bauplan einer Funktion und die Verbindungen zwischen den einzelnen Bauteilen wird in einem Stromlaufplan oder Schaltplan dargestellt. Jedes elektronische Bauteil wird dabei mit einem eigenen Symbol dargestellt.

Stromlaufplan

In Abbildung 3.10 ist der Stromlauf für das Schaltungs-Beispiel mit Leuchtdiode aus Abbildung 3.9 gezeigt.

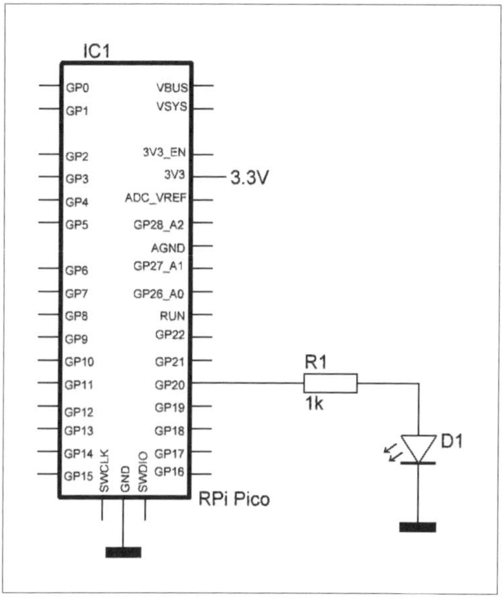

Abb. 3.10: Stromlaufplan – Schaltung mit Leuchtdiode

Alle Verbindungen im Stromlaufplan sind auch im Steckbrett-Aufbau zu finden.

Die Spannungsversorgung der Pico-Pins 36 (3,3 V OUT) und 38 (GND) sind mit eigenen Symbolen dargestellt.

Das digitale Ausgangssignal an Pin 26 (GP20) führt vom Pico zum Vorwiderstand der Leuchtdiode und anschließend zum Plus-Anschluss (Anode) der Leuchtdiode. Der Minus-Anschluss (Kathode) der Leuchtdiode wird an 0 V (GND) angeschlossen.

Da der Pico in vielen Fällen über den USB-Anschluss mit Spannung versorgt wird, ist ein zusätzliches Netzteil oder eine Batterie nicht notwendig. Die elektronischen Komponenten der Schaltung können dann über die 3,3-V-Versorgung des Pico (3,3 V OUT) mit Spannung versorgt werden.

Raspberry Pi Pico

In einem Schaltplan kann der Pico als eigenes Bauteil mit vielen Anschluss-Pins, ähnlich wie eine integrierte Schaltung (IC, auch als Chip bezeichnet) dargestellt werden (Abbildung 3.11).

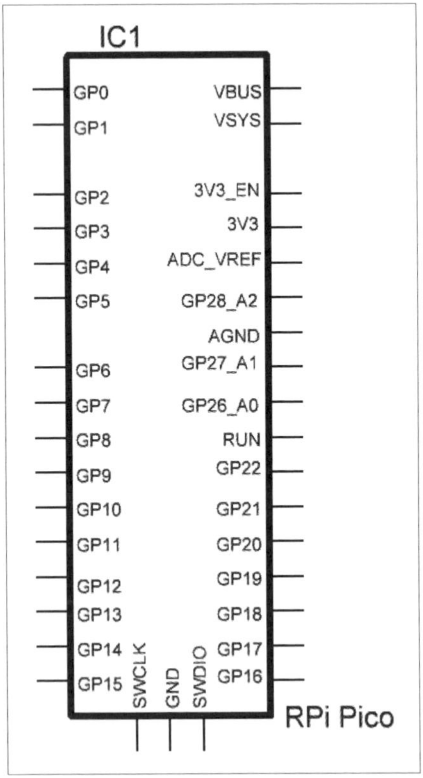

Abb. 3.11: Bauteil – Raspberry Pi Pico

Das Blockschaltbild mit den Anschluss-Pins steht dann stellvertretend für das gesamte Pico-Board. Im Blockschaltbild sind nicht alle GND-Anschlüsse des Pico dargestellt. Der dargestellte GND-Pin ist stellvertretend für alle GND-Pins.

Widerstand

Der Widerstand ist das wichtigste Bauteil in der Elektronik und dient zur Strombegrenzung im Stromkreis. Der Widerstand hat zwei Anschlussdrähte und ist in verschiedenen Bauformen und Leistungen verfügbar.

Abbildung 3.12 zeigt verschiedene Widerstände und das Schaltzeichen.

Abb. 3.12: Widerstand: Bauteil (links) und Schaltzeichen (rechts)

Die Einheit eines Widerstands wird in Ohm beziehungsweise Kiloohm (kOhm) oder Megaohm (MOhm) angegeben.

Auf dem Steckbrett kann man einen Widerstandswert an den farbigen Anschlussringen erkennen (Abbildung 3.13).

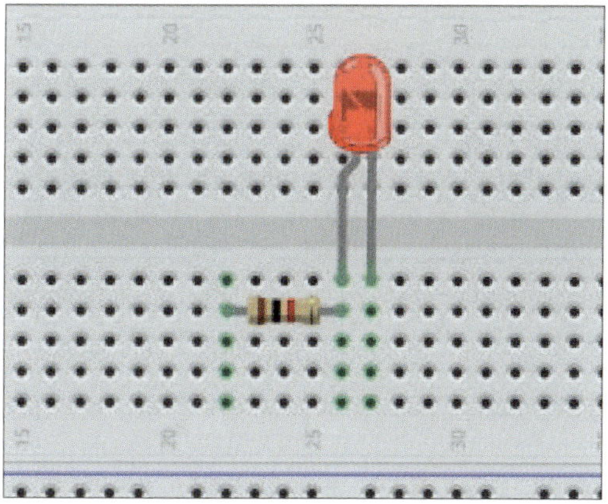

Abb. 3.13: Widerstand – Farbcode

Der Farbcode Braun-Schwarz-Rot beschreibt einen Widerstand mit 1000 Ohm, also 1 kOhm.

Leuchtdiode

Dioden sind elektronische Bauelemente, die den Strom nur in eine Richtung fließen lassen. Eine Leuchtdiode oder LED (Light Emitting Diode) gibt bei Betrieb in Durchlassrichtung Licht ab, leuchtet also. Leuchtdioden gibt es in vielen Farben und verschiedenen Größen.

Leuchtdioden eignen sich ideal als Anzeigeelemente und leuchten bei einem Strom von 1 bis 20 mA (Milliampere). Für den Betrieb muss der Strom durch die Leuchtdiode mittels Vorwiderstand begrenzt werden.

In Abbildung 3.14 sind verschiedene Leuchtdioden dargestellt.

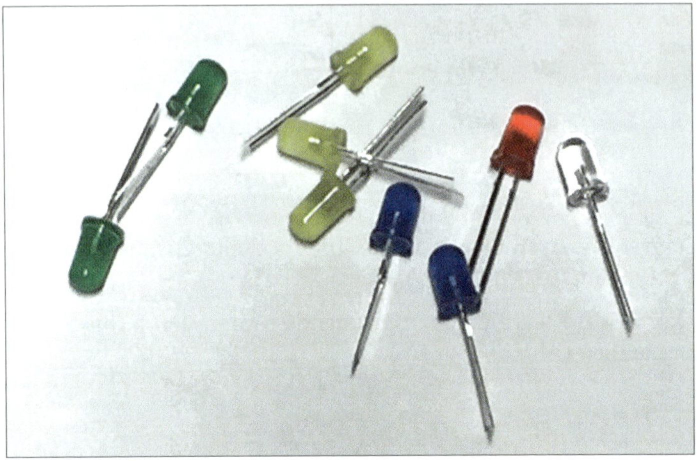

Abb. 3.14: Leuchtdioden

Eine Leuchtdiode hat zwei Anschlussdrähte, die mit Anode (+) und Kathode (-) bezeichnet sind. In der Praxis hat die Anode meist einen längeren Anschlussdraht. Abbildung 3.15 zeigt die Anschlussbelegung und das Schaltzeichen einer Leuchtdiode.

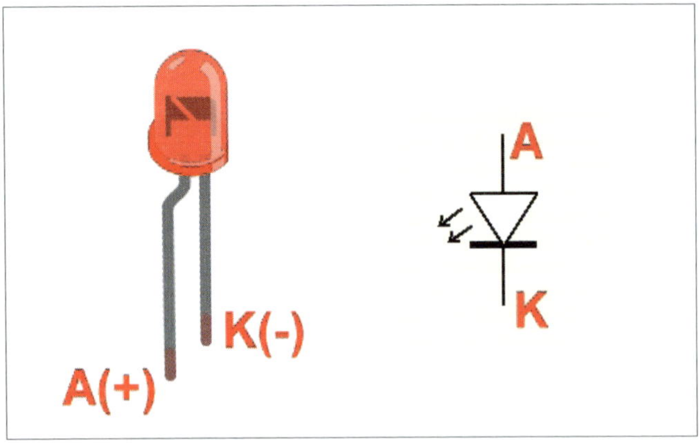

Abb. 3.15: Leuchtdiode – Anschlussbelegung (links) und Schaltzeichen (rechts)

In Abbildung 3.10 wird eine Leuchtdiode über einen Widerstand von einem Ausgang des Pico angesteuert.

Kondensator

Der Kondensator ist eine Art »Ladungsspeicher«. Kondensatoren gibt es in ungepolter und gepolter Ausführung. Zu den ungepolten Kondensatoren gehören die Folien- und Keramik-Kondensatoren. Diese verwendet man oft in Taktgebern, Schaltungen mit Quarzen oder zur Signalkopplung oder Signalglättung.

Gepolte Kondensatoren wie die Elektrolyt-Kondensatoren müssen bei der Montage richtig gepolt eingesetzt werden. Elektrolyt-Kondensatoren werden für verschiedene Zwecke eingesetzt, beispielsweise in Netzteilen zum Glätten der Spannung.

Die elektrische Kapazität der Kondensatoren wird in der Einheit Farad angegeben. In der Praxis sind die Werte dann zwischen 1 Picofarad (pF) und 10000 Microfarad (µF).

Keramik-Kondensatoren für eine Taktschaltung sind meist im Bereich von 10 bis 22 pF, Folien- und Keramik-Kondensatoren für Signalkopplung oder -glättung im Bereich von 1 bis 100 nF (Nanofarad). Elektrolyt-Kondensatoren für Netzteile nutzt man für Bauteile mit Werten im Bereich von 10 bis 10000 µF.

Die Baugröße von Kondensatoren ist immer von ihrer Kapazität abhängig. Ein kleiner Keramik-Kondensator ist wenige Millimeter groß, ein Elektrolyt-Kondensator mit mehreren 1000 µF kann gerne einen Durchmesser von 30 bis 50 mm aufweisen.

In Abbildung 3.16 werden einige Kondensatoren sowie das Schaltzeichen für ungepolte und gepolte Kondensatoren gezeigt.

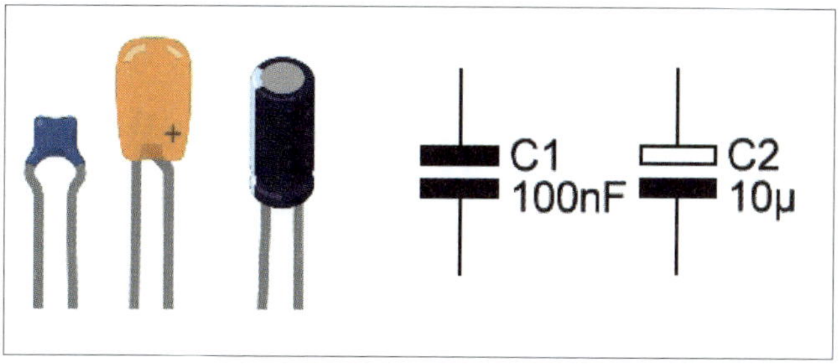

Abb. 3.16: Kondensatoren – Schaltzeichen (ungepolte – links, gepolte – rechts)

Kapitel 4

Digitale Ein- und Ausgänge

Die digitalen Ein- und Ausgänge eines Microcontrollers sind die Fühler und Verbindungen zur Umwelt und verbinden die Logik (Microcontroller-Board) mit den Sensoren, Schaltern und Aktoren.

Über die Eingänge werden Zustände von Schaltern, Eingabetastern oder Endschaltern eingelesen. Auch digitale Signalwerte von Sensoren können über die digitalen Eingänge verarbeitet werden.

Die Ausgänge liefern Schaltsignale für angeschlossene Aktoren wie Relais, Transistor, Servo oder Motor.

Die digitalen Eingänge und Ausgänge können nur zwei Zustände verarbeiten, 1 oder 0, EIN oder AUS, HIGH oder LOW. Ein HIGH am Ausgang kann bedeuten, dass ein Relais eingeschaltet wird, ein LOW schaltet das Relais aus.

Bei einem Eingang können die Signale 1 und 0 ein Zustand eines Schalters, Drucktasters oder Schaltkontakts sein.

4.1 Ein- und Ausgänge am Pico

Die digitalen Eingänge des Pico sind im Pinout Guide mit Hellgrün markiert (Abbildung 4.1). Dem Anwender stehen 26 Pins, bezeichnet mit GPx (x ist dabei eine Zahl), zum Einsatz digitaler Anwendungen zur Verfügung. Die einzelnen Pins können dabei als Eingang oder als Ausgang sowie für PIO (Programmable Input and Output) und PWM (Pulsweitenmodulation) konfiguriert werden. Ein zusätzlicher Pin (GP25) ist nicht auf die Anschluss-Pins geführt, da dieser digitale Pin die Onboard-LED ansteuert.

Die digitalen Pins GP26, GP27 und GP28 können auch als analoge Eingänge zur Spannungsmessung verwendet werden.

Wie Sie im kompletten Pinout aus Kapitel 1 sehen können, besitzen alle Pins zusätzlich weitere Einzelfunktionen.

Beim praktischen Einsatz ist zu beachten, dass die Ein- und Ausgänge für 3,3-V-Logik ausgelegt sind. Eingangssignale mit 5 V können einen digitalen Eingang des RP2040-Microcontrollers zerstören.

Abb. 4.1: Pinout – digitale Ein- und Ausgänge (GPIO)

In den nachfolgenden Abschnitten werden die digitalen Ein- und Ausgänge für verschiedene Anwendungsfälle eingesetzt.

Ein digitaler Pin kann nicht als Ein- oder Ausgang verwendet werden, wenn dieser Anschluss bereits für einen seriellen Bus (UART, SPI oder I2C) oder als Analog-Eingang verwendet wird.

4.2 Eingang einlesen

Ein Schalter oder Drucktaster ist die einfachste Art, um eine Eingabe an den Pico zu senden. Der digitale Pin des Pico wird dabei als Eingang definiert und anschließend kann im Programm der gewählte Eingang eingelesen werden.

Das Definieren eines Eingangs erfolgt über die Methode `machine.Pin()`. Dabei werden die Pin-Nummer, die Anweisung für einen Eingang und die Art des internen Pull-Widerstands (`PULL_DOWN` oder `PULL_UP`) angegeben.

```
taster=machine.Pin(Pin-Nummer, machine.Pin.IN, Pull_Modus)
```

Die Anweisung wird dann in einer Variablen, im Beispiel `taster`, gespeichert.

Nun kann der am Eingang angelegte digitale Wert (1 oder 0) abgefragt werden:

```
taster.value()
```

4.2.1 Pullup oder Pulldown

In der oben beschriebenen Definition des Eingangs ist der sogenannte Pull-Modus erwähnt. Dieser sagt aus, wie ein interner Widerstand im Microcontroller geschaltet ist. Man kann dabei zwischen dem Wert `PULL_UP` oder dem Wert `PULL_DOWN` wählen.

Bei der Auswahl des Modus `PULL_UP` wird intern ein Widerstand (rot markiert) gegen 3,3 V geschaltet (Abbildung 4.2).

Im unbeschalteten Zustand wird am Eingang ein HIGH-Signal eingelesen. Mit einem Schalter oder Taster, der gegen GND geschaltet ist, kann eine Signaländerung ausgelöst werden.

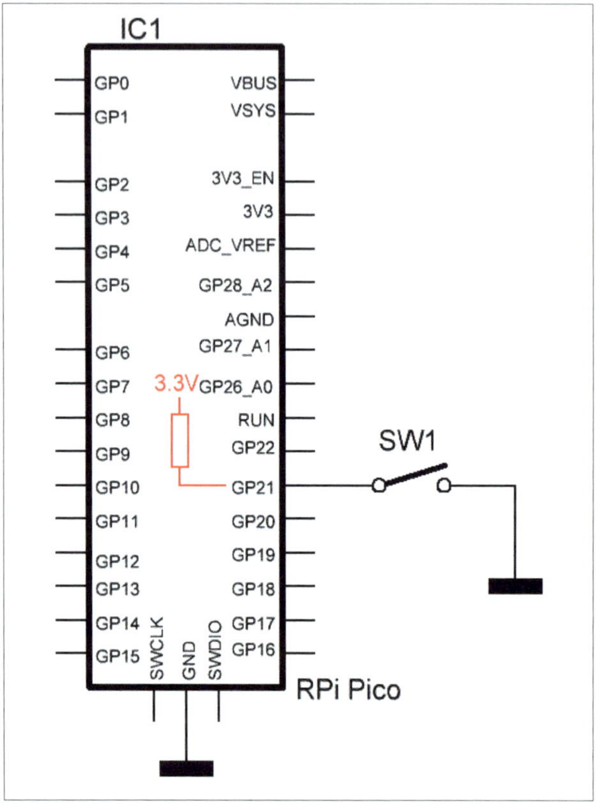

Abb. 4.2: Eingang mit Pullup-Widerstand

Der umgekehrte Fall ist der Modus `PULL_DOWN`. Hier wird intern im Microcontroller ein Widerstand gegen GND aktiviert (Abbildung 4.3).

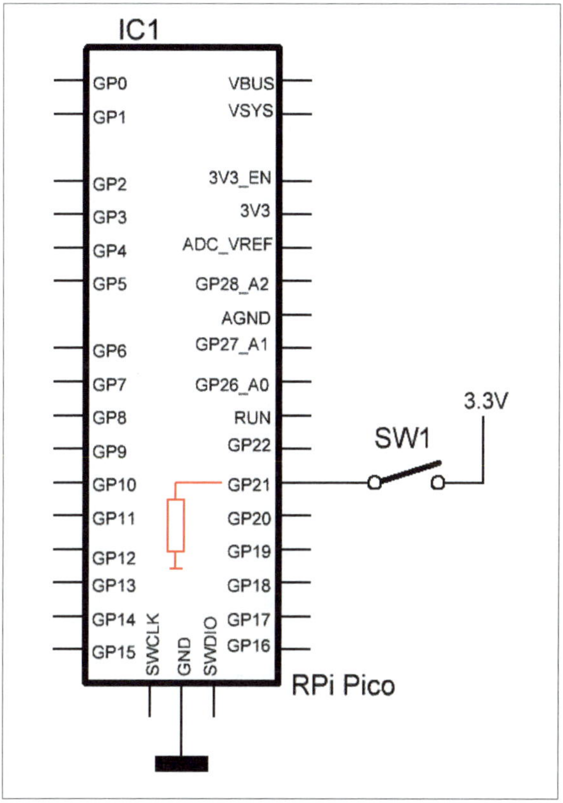

Abb. 4.3: Eingang mit Pulldown-Widerstand

Im unbeschalteten Zustand wird hier ein LOW-Signal eingelesen. Eine Signaländerung erfolgt über einen Schalter oder Taster, der gegen 3,3 V geschaltet ist. Beim Betätigen des Schalters wird ein `HIGH`-Signal eingelesen.

Beim Einsatz von Eingängen mit angeschlossenen Schaltern oder Tasten muss immer ein Pull-Mode gewählt werden. Der verwendete Modus muss dann anschließend im Programmcode beachtet werden.

4.3 Praxisbeispiel: Taster einlesen und Status ausgeben

In diesem Praxisbeispiel wird ein Taster an Pin GP14 abgefragt. Der eingelesene Zustand (1 oder 0) wird mit der internen Leuchtdiode an Pin GP25 optisch angezeigt.

Stückliste (Taster einlesen)

- 1 Raspberry Pi Pico
- 1 Steckbrett
- 1 Drucktaster
- Jumper-Wires

In Abbildung 4.4 wird der Steckbrett-Aufbau für diese Schaltung gezeigt.

Abb. 4.4: Steckbrett-Aufbau: Eingang einlesen

Im Programmcode (`buch-rpi-pico-kap4-eingang.py`) werden zuerst die Bibliotheken geladen:

```
# RPi Pico - Eingang einlesen
# Datei: buch-rpi-pico-kap4-eingang.py

#Bibliotheken
import machine
import utime
```

Anschließend wird der Taster-Eingang definiert und der Variablen `taster` zugewiesen. Dann wird der Ausgang für die Onboard-Leuchtdiode definiert und in der Variablen `led` gespeichert:

```
#Variablen
taster=machine.Pin(15, machine.Pin.IN, machine.Pin.PULL_
DOWN)
led=machine.Pin(25, machine.Pin.OUT)
```

Im Hauptprogramm wird der Wert der Taster-Variablen eingelesen und mit 1 verglichen. Wenn der Wert 1 eingelesen wird, ist der Taster gedrückt. In diesem Fall wird der Wert der Variablen `led` auf 1 gesetzt, die Leuchtdiode geht an.

```
#Loop
while True:
    if taster.value() == 1:
        led.value(1)
        utime.sleep(0.1)
    led.value(0)
```

Wird am Eingang 0 eingelesen, ist der Taster nicht betätigt. In diesem Fall wird die Leuchtdiode ausgeschaltet.

4.4 LED ansteuern

Im vorherigen Beispiel wurde die interne Leuchtdiode zur Anzeige des Taster-Zustands angesteuert. Dies ist eine praktische Lösung, wenn man schnell einen Zustand optisch darstellen muss.

Im praktischen Einsatz ist der Pico meist in einem Gehäuse untergebracht und die interne LED entsprechend versteckt.

Eine Statusanzeige muss somit mit einer externen Leuchtdiode realisiert werden. In der Praxis wird eine Leuchtdiode direkt über einen Vorwiderstand von einem Ausgang des Pico angesteuert. Da eine Leuchtdiode mit einem Strom von wenigen Milliampere (mA) angesteuert werden kann, ist keine zusätzliche Verstärkerstufe nötig.

Im Beispiel aus Abbildung 4.5 wird für den Ausgang Pin GP14 eingesetzt.

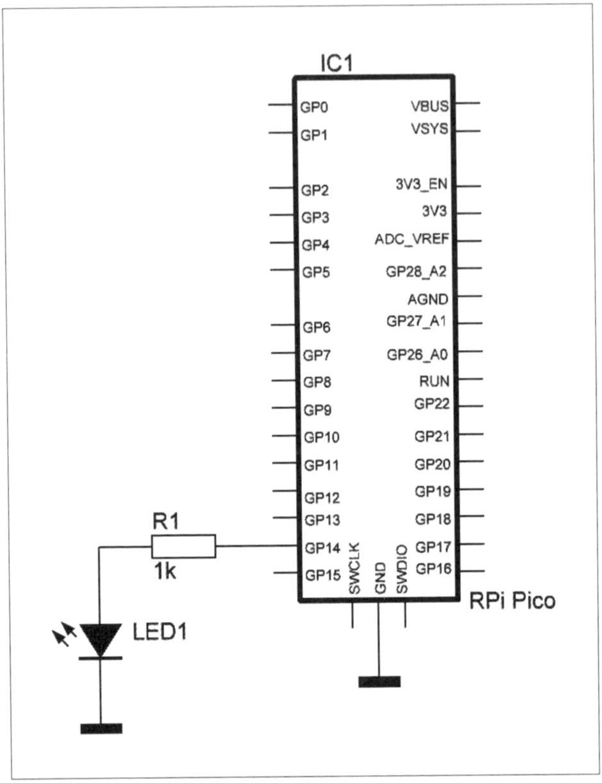

Abb. 4.5: Ansteuerung Leuchtdiode

Gemäß Datenblatt können alle Ausgänge zusammen einen Strom von 50 mA vom Microcontroller beziehen.

Stückliste (Leuchtdiode ansteuern)

- 1 Raspberry Pi Pico
- 1 Steckbrett
- 1 Widerstand 1 kOhm (Braun, Schwarz, Rot)
- 1 Leuchtdiode (Farbe nach Wahl)
- Jumper-Wires

In Abbildung 4.6 ist der Steckbrett-Aufbau für die Ansteuerung einer externen Leuchtdiode zu sehen.

Abb. 4.6: Steckbrett-Aufbau: Ansteuerung Leuchtdiode

Das Beispiel für die Ansteuerung der LED (`buch-rpi-pico-kap4-ausgang-led.py`) basiert auf dem Blink-Beispiel. Es wird nur die Pin-Nummer verändert. Die externe Leuchtdiode wird an GP14 angeschlossen.

```
# Pico - Ausgang LED
# Datei: buch-rpi-pico-kap4-ausgang-led.py

#Bibliotheken
import machine
import utime

#Variablen
led=machine.Pin(14, machine.Pin.OUT)

#Funktionen

#Loop
while True:
    led.value(1)
    utime.sleep(1)
    led.value(0)
    utime.sleep(1)
```

Die Ansteuerung von größeren Lasten wie Lampen oder Power-LEDs wird in Abschnitt 4.7 beschrieben.

4.5 PWM

Ein digitales Ausgangssignal kann bekannterweise nur zwei Zustände besitzen, 1 oder 0, HIGH oder LOW. Wird nun aber ein digitaler Ausgang eingeschaltet und nach einer Zeit T wieder ausgeschaltet, entsteht ein sogenannter Impuls. In Abbildung 4.7 ist dieser Impuls dargestellt. Das Ausgangssignal ist immer noch ein digitales Signal.

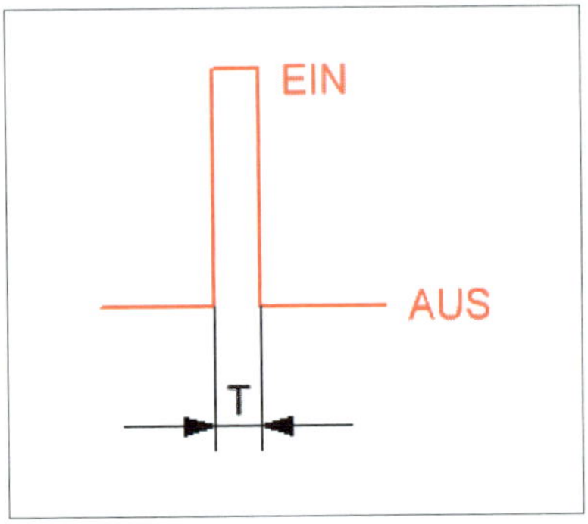

Abb. 4.7: Digitaler Impuls

Wird dieser Vorgang pro Zeiteinheit (T2) ausgeführt, sieht das Ausgangssignal wie in Abbildung 4.8 aus.

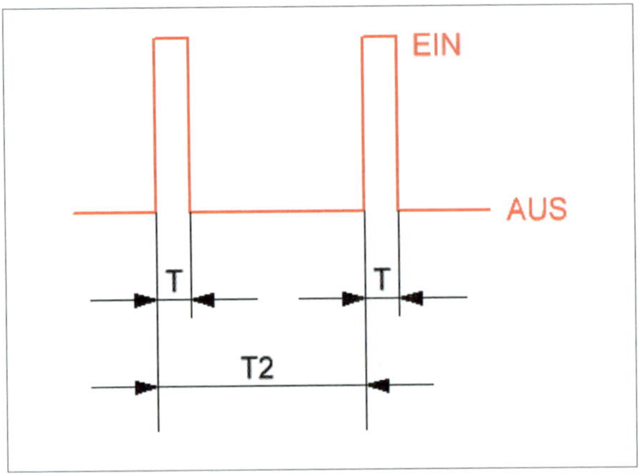

Abb. 4.8: Impuls pro Zeit

Bleibt die Zeit T2 immer fest und nur die Impulszeit wird verändert, spricht man von einer PWM (Pulsweiten-Modulation). Der Mittelwert dieses Ausgangssignals ist dann mit einem Messgerät gemessen plötzlich ein analoges Signal und nicht mehr 1 oder 0.

Bei einem PWM-Signal bleibt die Frequenz, im Diagramm die Zeit T2, immer gleich und die Impulszeit kann sich verändern. Die Impulszeit T kann dabei zwischen 0 und 100 Prozent betragen. Bei 0 ist der Ausgang nie auf HIGH, bei 100 Prozent dagegen dauernd. Beträgt die Impulszeit 50 Prozent der Zeit T2, so ist der Impuls genauso lang eingeschaltet wie ausgeschaltet.

Für die Funktion `PWM` kann jeder Pin des Pico (GP0 bis GP28) verwendet werden.

Die PWM-Funktionalität ist beim Pico in einzelne Blöcke aufgeteilt. Die Bezeichnungen der PWM-Pins sind dabei immer ein Buchstabe und eine Zahl (Abbildung 4.9).

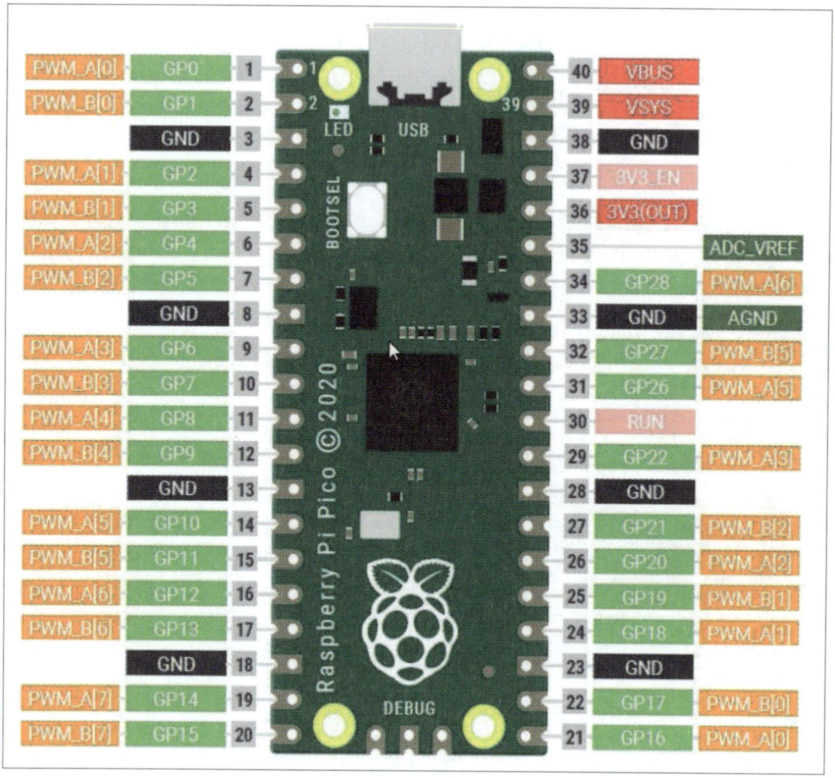

Abb. 4.9: Raspberry Pi Pico – Pinout für PWM (Quelle: raspberrypi.org)

Beim Einsatz eines PWM-Pins inklusive weiterer digitaler Pins muss immer geprüft werden, dass kein Konflikt entsteht. Wie Sie aus dem Pinout erkennen können, sind beispielsweise GP1 und GP17 mit der gleichen PWM-Bezeichnung (PWM_B[2]) definiert. Die gleichzeitige Nutzung dieser beiden digitalen Pins ist nicht möglich.

4.5.1 Praxisbeispiel: LED mit PWM

Zum Test wollen wir eine Leuchtdiode an einen PWM-Pin des Pico anschließen und das Verhalten untersuchen.

Stückliste (LED mit PWM)

- 1 Raspberry Pi Pico
- 1 Steckbrett
- 1 Widerstand 1 kOhm (Braun, Schwarz, Rot)
- 1 Leuchtdiode (Farbe nach Wahl)
- 1 Potentiometer 10 kOhm
- Jumper-Wires

In Abbildung 4.10 ist der Steckbrett-Aufbau für die Leuchtdiode mit PWM-Funktion dargestellt. Die rote Leuchtdiode wird über den digitalen Ausgang GP15 angesteuert.

Das Soll-Signal für den PWM wird als analoges Signal mittels Potentiometer generiert und anschließend am analogen Eingang GP28 eingelesen.

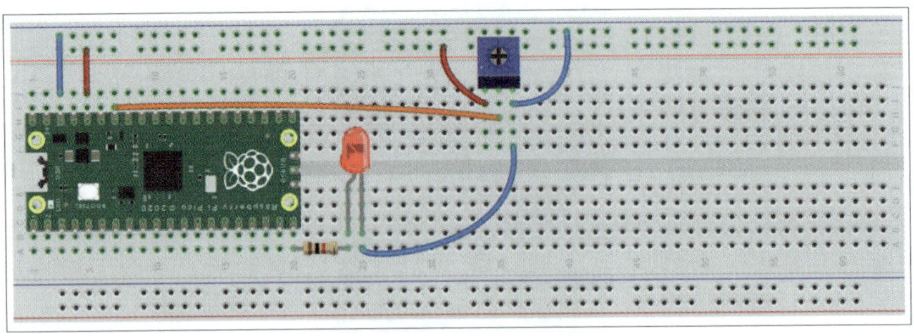

Abb. 4.10: Steckbrett-Aufbau: LED mit PWM

Im MicroPython-Programm für den Pico (`buch-rpi-pico-kap4-led-pwm.py`) werden wie gewohnt zuerst die nötigen Bibliotheken geladen:

```
# Pico - LED mit PWM
# Datei: buch-rpi-pico-kap4-led-pwm.py

import machine
import utime
```

Anschließend wird ein Objekt `potentiometer` für das Potentiometer-Signal an Pin GP28 erstellt:

```
# Variablen
potentiometer = machine.ADC(28)
```

Das PWM-Signal wird dem digitalen Pin 15 zugewiesen und ein Objekt `pwm` erstellt. Das PWM-Signal wird mit einer Frequenz von 1000 Hertz ausgeführt.

```
#PWM
pwm = machine.PWM(machine.Pin(15))
pwm.freq(1000)
```

Im Hauptprogramm wird nun der an Pin GP28 eingelesene Wert als PWM-Signal ausgegeben. Der PWM-Wert ist ein 16-Bit-Integer-Wert im Bereich von 0 bis 65535.

```
while True:
    pwm.duty_u16(potentiometer.read_u16())
```

Durch Verstellen des Potentiometers kann nun die Helligkeit der Leuchtdiode gesteuert werden.

4.6 Servo

Ein Servo oder Servomotor ist ein Motor mit integrierter Elektronik zur Messung der Achsposition. Servos werden häufig im Modellbau (Auto, Schiff oder Flugzeug) zur Steuerung von beweglichen Teilen wie Lenkungen verwendet.

Servos sind recht kompakte Module und werden über ein digitales PWM-Signal angesteuert. Im Maker- und Bastler-Umfeld sind die kleinen und günstigen Servos mit der Typenbezeichnung SG90 sehr verbreitet und finden ihren Einsatz in vielen Robotik-Anwendungen.

In Abbildung 4.11 ist ein Ausschnitt aus dem Datenblatt des Servos SG90 dargestellt.

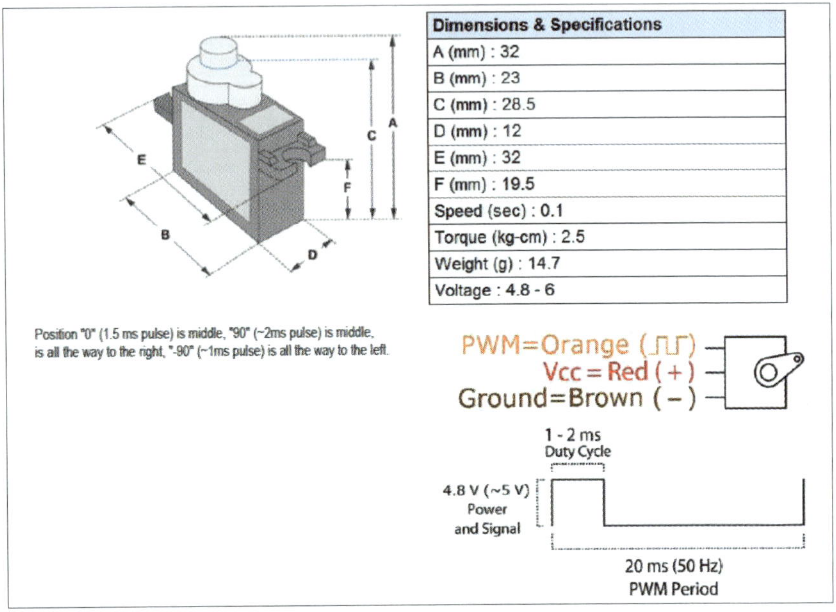

Abb. 4.11: Servo SG90 (Datenblatt)

Der Ausschnitt aus dem Datenblatt zeigt die Abmessungen des Servos, die Anschlussbelegung sowie das Signal-Diagramm für die PWM-Ansteuerung.

4.6.1 Praxisbeispiel: Servo mit Potentiometer

Im Gegensatz zum PWM-Signal aus Abschnitt 4.6, wo die Impulsbreite von 0 bis 100 % verändert wurde, benötigt ein Servo standardmäßig nur einen kleinen Signalbereich des PWM-Signals. Die Signallänge (Duty Cycle) liegt im Bereich zwischen 1 Millisekunde (linker Anschlag) und 2 Millisekunden (rechter Anschlag). Die Frequenz des Servos ist fest auf 50 Hertz (Hz) definiert.

Mit dem Signal von 1 bis 2 Millisekunden (ms) wird ein Drehwinkel von optimal 180 Grad ausgeführt. Meist ist der Winkel aber etwas geringer. Die Mittelposition ist bei einem Signal-Impuls von 1,5 ms.

Die Frequenz von 50 Hertz entspricht einer Periodendauer von 20 Millisekunden. Der für den Servo benötige Impulsbereich von 1 bis 2 Millisekunden entspricht einem Bereich von 5 bis 10 Prozent.

Somit sind die PWM-Werte in der Anweisung `pwm.duty_u16(duty-wert)` für Minimum (Linksanschlag) ungefähr 3200 und für Maximum (Rechtsanschlag) 6500.

Ein findiger Entwickler hat bereits eine Servo-Bibliothek für den Pico erstellt. Diese ist unter der folgenden Adresse zu finden:

`https://github.com/sandbo00/picoservo`

Für den Einsatz wird die Datei `servo.py` auf den Pico geladen.

Anschließend kann man im Testprogramm auf diese Bibliotheksdatei zugreifen. Die PWM-Werte wurden vom Entwickler mit 2500 und 8050 ermittelt und in der Bibliothek hinterlegt. Diese können aber bei Bedarf im Programmcode mitgegeben werden.

Stückliste (Servo mit Potentiometer)

- 1 Raspberry Pi Pico
- 1 Steckbrett
- 1 Micro-Servo SG90
- 1 Batterie-Pack für vier AA-Batterien
- 4 AA-Batterien
- Jumper-Wires

Im nachfolgenden Servo-Beispiel wird ein Micro-Servo vom Pico angesteuert. Der Sollwert für die Position wird über ein Potentiometer gesetzt.

Die meisten Servos werden mit einer Versorgungsspannung von 5 bis 6 V betrieben. Da auf dem Pico mit 3,3 V gearbeitet wird, muss die Spannungsversorgung von extern zugeführt werden. In unserem Beispiel nehmen wir vier AA-Batterien, die zusammen rund 6 V liefern.

In Abbildung 4.12 ist der Steckbrett-Aufbau für die Servo-Anwendung zu sehen.

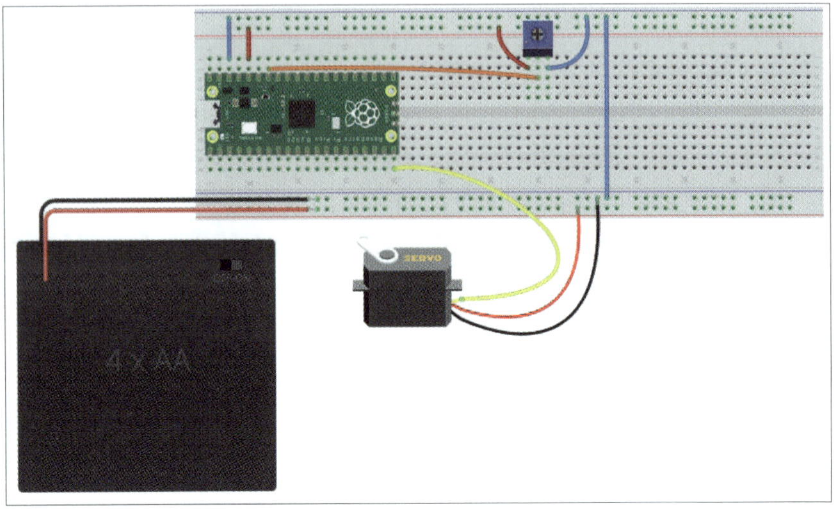

Abb. 4.12: Servo ansteuern mit Pico

Im Programmcode (buch-rpi-pico-kap4-servo.py) werden zuerst die nötigen Bibliotheken geladen. Die Servo-Bibliothek muss dazu bereits auf den Pico geladen sein.

```
# Pico - Servo gesteuert über Analog
# Datei: buch-rpi-pico-kap4-servo.py

import machine
import utime
from servo import Servo
```

Nun werden die Pins für den analogen Sollwert und für die Servoansteuerung gesetzt.

```
# Variablen/Objekte
potentiometer = machine.ADC(28)
servo1 = Servo(15)
```

Im Hauptprogramm wird laufend der Sollwert am Analogeingang eingelesen und in der Variablen pwm gespeichert. Die Position des Servos erwartet einen Wert im Bereich von 0 bis 1024. Dazu wird der analoge 16-Bit-Wert durch 64 geteilt. Anschließend wird der Positionswert für den Servo mittels der Servo-Methode goto() gesetzt.

```
while True:
    pwm=potentiometer.read_u16()
    pos=int(pwm/64)
    servo1.goto(pos)
```

Mit dem Potentiometer kann nun die Position des Servos verstellt werden.

Falls der verwendete Servo andere PWM-Werte für Linksanschlag und Rechtsanschlag erfordert, können diese im Programmcode optional übergeben werden. Dazu wird dem Servo-Objekt nicht nur der Pin angegeben, sondern zusätzlich noch die beiden PWM-Werte:

```
servo1 = Servo(15, 3000, 7500)
```

Mit der Übergabe aller Parameter werden die in der Bibliothek definierten Standardwerte mit den Parameter-Werten überschrieben.

4.7 Transistor, Relais

Die digitalen Ausgänge des Pico können nur wenige Milliampere liefern. Ohne Zusatzschaltung reicht dies meist nur, um eine Leuchtdiode direkt anzusteuern.

Für größere Lastströme und größere Lasten wie eine Lampe, einen Motor oder eine Pumpe muss ein zusätzlicher Verstärker verwendet werden.

4.7.1 Transistor

Ein Transistor ist ein elektronisches Bauelement, das für viele Anwendungen wie Schalter, Verstärker oder in Regelungsschaltungen eingesetzt werden kann. Ein Transistor hat drei Anschlüsse, die mit Kollektor (C, englisch Collector), Basis (B, englisch Base) und Emitter (E) bezeichnet sind. Transistoren gibt es in unterschiedlichen Polaritäten (NPN und PNP).

In Abbildung 4.13 ist ein einfacher NPN-Transistor vom Typ BC546 mit Gehäuse, Schaltzeichen und Anschlussbelegung zu sehen. Diese Daten sowie die technischen Parameter finden Sie im Datenblatt des Herstellers.

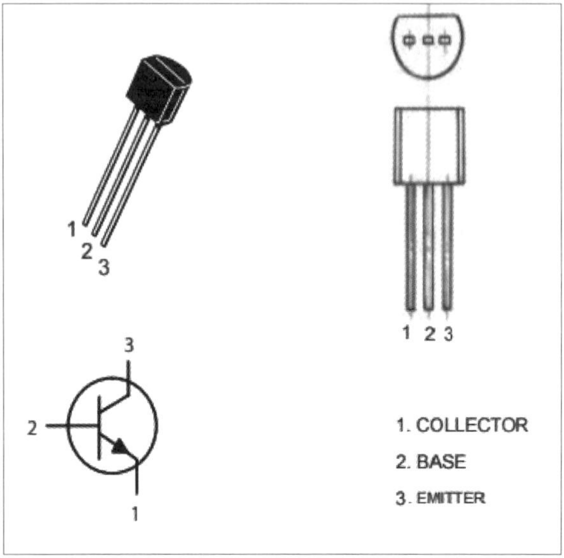

Abb. 4.13: Transistor BC546 (Ausschnitt Datenblatt)

Ein Transistor kann über einen kleinen Basis-Strom einen großen Strom vom Kollektor zum Emitter schalten.

Die Grundschaltung dazu ist in Abbildung 4.14 dargestellt. Über einen Ausgangspin des Pico wird die Basis des Transistors angesteuert. Der Laststrom der Leuchtdiode fließt dann vom Kollektor zum Emitter durch den Transistor. In diesem Fall wirkt die Strecke Kollektor-Emitter als Schalter.

Die Versorgungsspannung der Last (Lastspannung), in unserem Fall die 5 V für die Leuchtdiode, kann auch einen höheren Wert aufweisen. Ein Motor wird vielleicht mit 12 V betrieben. Unabhängig von der Lastspannung wird der Transistor mit einem 3,3-V-Signal vom Pico angesteuert.

In diesem Beispiel verwenden wir die 5-V-Spannung des USB-Anschlusses von Pin VBUS als Versorgungsspannung für die Leuchtdiode.

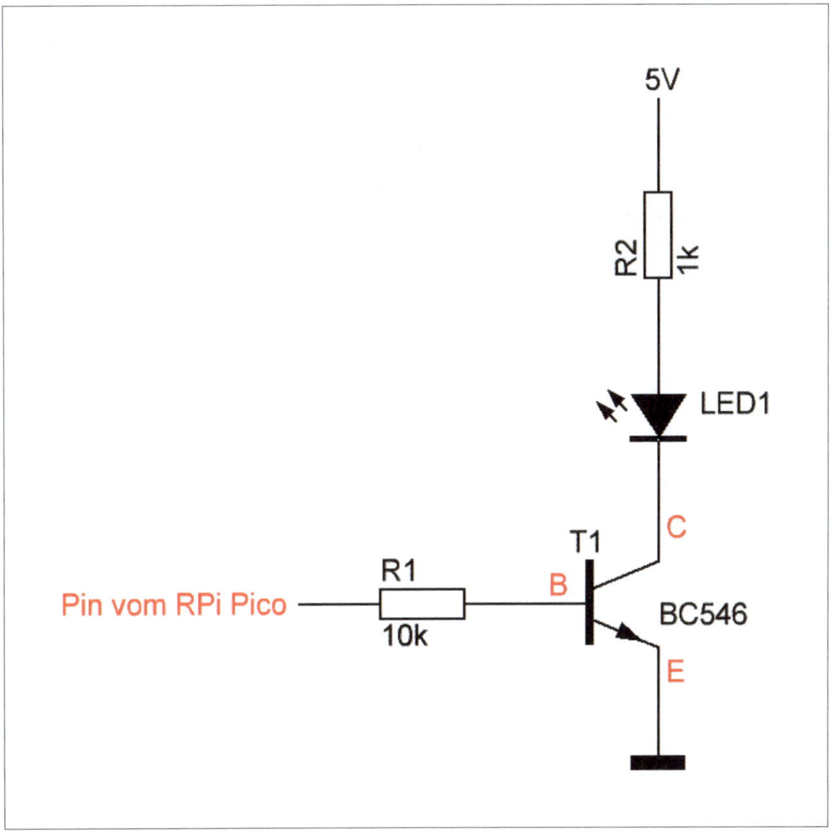

Abb. 4.14: Grundschaltung NPN-Transistor als Schaltverstärker

Stückliste (Transistor als Schalter)

- 1 Raspberry Pi Pico
- 1 Steckbrett
- 1 Transistor BC546 oder BC237
- 1 Widerstand 1 kOhm (Braun, Schwarz, Rot)
- 1 Widerstand 10 kOhm (Braun, Schwarz, Orange)
- 1 Leuchtdiode
- Jumper-Wires

Der Steckbrett-Aufbau für die Transistor-Schaltung ist in Abbildung 4.15 dargestellt.

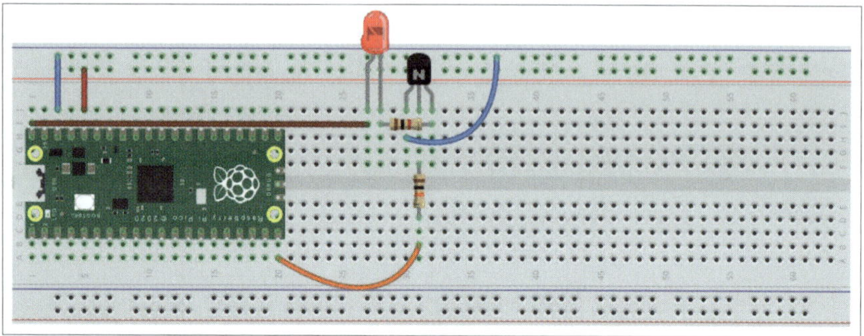

Abb. 4.15: Steckbrett-Aufbau: Transistor als Schalter

Die Ansteuerung als Blinker basiert auf dem Programm aus Abschnitt 3.2. Einzig der Ausgangspin für die Leuchtdiode muss angepasst werden.

Dieses Beispiel mit einem Transistor als Schalter zeigt die Möglichkeiten für die Ansteuerung von größeren Verbrauchern über einen digitalen Ausgang des Pico. Je nach Laststrom und Lastspannung muss ein entsprechender Transistor verwendet werden.

4.7.2 Relais

Ein Relais ist ein elektromagnetischer Schalter. Eine Spule mit Magnet zieht beim Anlegen einer Spannung einen Anker an. Dieser Anker wiederum schaltet auf mechanische Weise einen oder mehrere Kontakte. Zwischen der Ansteuerung und dem Kontakt besteht keine Verbindung (Potentialtrennung).

Diese Potentialtrennung eignet sich ideal, um größere Lasten und höhere Spannungen (bis 380 V Wechselspannung) zu schalten.

Relais gibt es in vielen Größen und für die unterschiedlichsten Anwendungen.

In der Elektronik werden sogenannte Print-Relais verwendet. Dieser Relais-Typ kann auch direkt auf die Leiterplatte gelötet werden.

Im Elektronik-Handel gibt es viele fertige Relais-Module. Abbildung 4.16 zeigt ein Relais-Modul mit integrierter Transistoransteuerung.

Abb. 4.16: Relais-Modul (Quelle: aliexpress.com)

In Abbildung 4.17 ist eine Relais-Schaltung dargestellt, die von einem Pico angesteuert wird. Im Lastkreis wird eine Lampe mit 24 V angesteuert.

Das Relais ist ein 5-V-Typ und wird mit einer externen 5-V-Spannung versorgt. Das Relais wird über eine Transistor-Stufe angesteuert. Die Diode D1 parallel zum Relais ist eine sogenannte Freilaufdiode und schützt die Transistor-Stufe vor Überspannungen beim Abschalten.

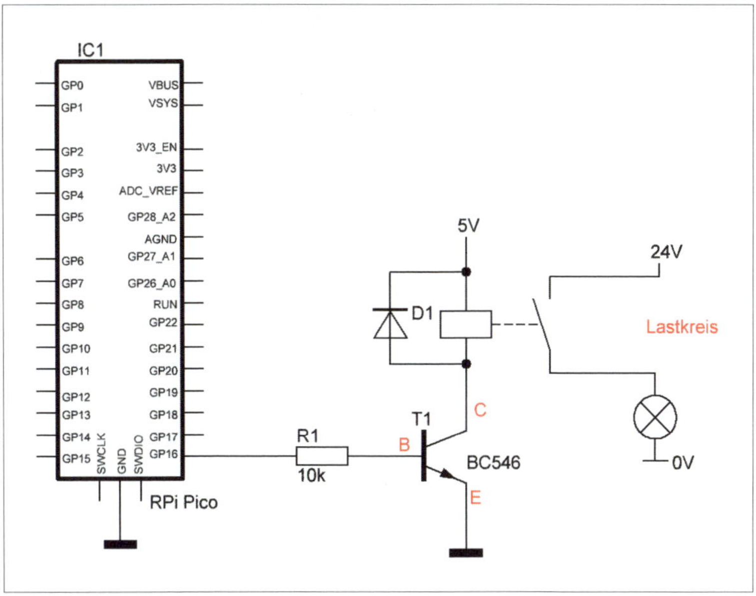

Abb. 4.17: Ansteuerung Relais mit Transistor-Stufe

Die Ansteuerung der Relais-Stufe erfolgt wie im vorherigen Beispiel. Das Relais kann direkt von einem digitalen Ausgang des Pico angesteuert werden.

Stückliste (Ansteuerung Relais)

- 1 Raspberry Pi Pico
- 1 Steckbrett
- 1 Relais-Modul
- Jumper-Wires

In Abbildung 4.18 ist der Aufbau der Relais-Stufe auf dem Steckbrett zu sehen.

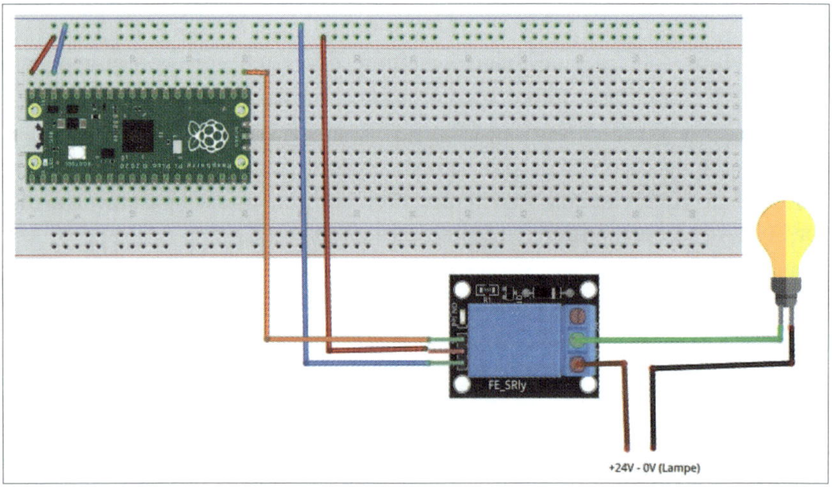

Abb. 4.18: Steckbrett-Aufbau: Relais-Stufe

Im Beispiel des Steckbrett-Aufbaus wird die Relais-Stufe über Pin GP16, der als Ausgang konfiguriert wird, angesteuert.

Die Versorgung für die Relais-Stufe kommt vom Pin VBUS des Pico. Der Lastkreis mit der Lampe muss von einem externen Netzgerät zugeführt werden.

Die Ansteuerung eines Relais direkt ohne Transistorstufe ist nicht zu empfehlen und wird meist auch nicht funktionieren. Ein digitaler Ausgang des Pico kann zu wenig Strom liefern.

4.8 Motor

Die Ansteuerung eines Motors mit dem Pico erfordert immer eine Motor-Verstärker-Stufe.

Eine einfache Verstärker-Stufe kann mit einer Transistor-Stufe, wie in Abschnitt 4.7.2 beschrieben, realisiert werden. Diese einfache Lösung hat aber einen kleinen Haken – der Motor kann nur in eine Drehrichtung betrieben werden.

Möchte man einen Motor in beide Drehrichtungen betreiben, so muss die Motorspannung am Motor umgedreht werden. Mit einer einfachen Transistor-Stufe ist dies aber nicht möglich.

Mittlerweile gibt es aber kleine Motor-Breakout-Boards. Diese kleinen Boards erlauben den Anschluss eines oder mehrerer Motoren. Über digitale Signale, beispielsweise von einem Microcontroller, kann die Motor-Stufe gesteuert werden.

4.8.1 Einfache Motor-Stufe (ein Motor)

In Abbildung 4.19 wird eine solche Motor-Stufe gezeigt.

Abb. 4.19: Breakout-Board mit Motor-Stufe (Quelle: aliexpress.com)

Die kleine Motor-Stufe aus Abbildung 4.19 kann Motoren mit über 3 A Spitzenstrom und Spannungen von 6 bis 45 V betreiben. Die Leiterplatte ist sehr kompakt und hat stabile Schraubklemmen. Diese Lösung eignet sich ideal für einfache Roboter- und Robotik-Anwendungen mit Microcontroller-Boards.

Im Datenblatt des Motor-Treibers (IC-Typ DRV8871) ist beschrieben, wie der Motor in beide Drehrichtungen betrieben werden kann. In Tabelle 4.1 ist die Logik dargestellt.

IN1	IN2	Motor
1	0	Vorwärts
0	1	Rückwärts
1	1	Stopp

Tab. 4.1: Ansteuerung DRV8871-Treiber-Modul

4.8.2 Motor-Treiber für zwei Motoren

Kleine selbstfahrende Roboteranwendungen haben meist zwei Motoren. Der oben beschriebene Motor-Treiber kann aber nur einen Motor ansteuern und die Drehrichtung ändern.

Der große Maker-Hersteller Sparkfun hat eine Motor-Treiber-Stufe für zwei Motoren entwickelt. In Abbildung 4.20 ist das kleine Motor-Treiber-Board für die Montage auf einem Steckbrett oder einer Leiterplatte zu sehen.

Auf dem Board ist ein Dual-Motor-Driver vom Typ TB6612FNG verbaut. Mit dem Modul können Ströme von bis 1,2 A gesteuert werden. Diese Leistung reicht, um kleine Motoren eines Mini-Roboters anzusteuern.

Abb. 4.20: Motor-Treiber-Stufe für zwei Motoren (Quelle Sparkfun.com)

Die Ansteuerung eines einzelnen Motors mit dem Motor-Treiber benötigt vier digitale Signale, die vom Pico gesteuert werden.

4.8.3 Praxisbeispiel: Motor-Ansteuerung (1 Motor)

In Abbildung 4.21 ist der Stromlaufplan für die Ansteuerung des Boards dargestellt. Die Stromversorgung für den Motor wird aus einer externen Spannungsquelle, beispielsweise einer Batterie, zugeführt. Die Versorgung der Logik kommt vom 3,3-V-Ausgang des Pico.

Die Steuersignale `PWM`, `IN1`, `IN2` und `STBY` werden von den Ausgängen GP6 bis GP9 gesteuert.

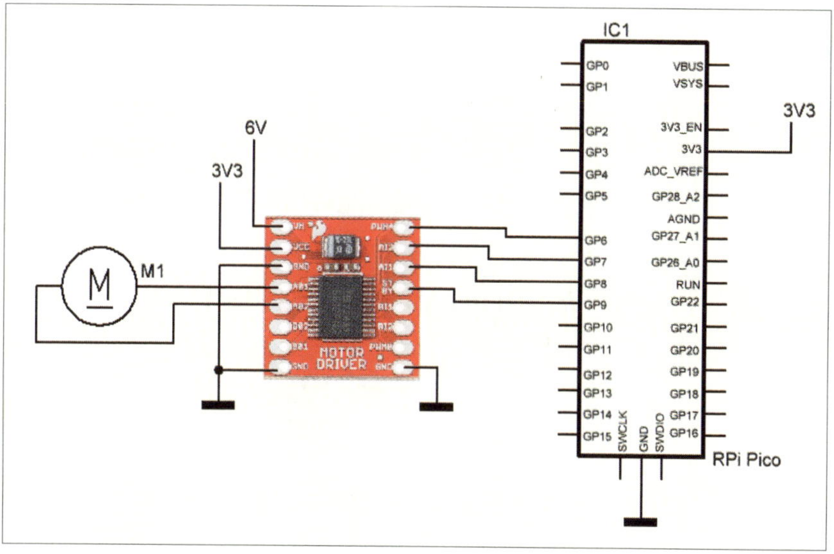

Abb. 4.21: Stromlaufplan: Ansteuerung Motor

Über die Steuersignale `IN1` und `IN2` kann der Motor vorwärts und rückwärts betrieben werden. Ein PWM-Signal an PWM regelt die Geschwindigkeit und mit dem Signal STBY kann die Motorsteuerung aktiviert werden.

Tabelle 4.2 zeigt die Logik für die Ansteuerung eines Motors.

AI1	AI2	PWMA	STBY	Motor A
0	0	PWM	1	Motor Stopp
1	0	PWM	1	Motor vorwärts
1	0	PWM	1	Motor rückwärts

Tab. 4.2: Logik für Ansteuerung von Motor-Treiber

Die Stückliste listet alle Komponenten für die Ansteuerung von 2 Motoren auf.

Stückliste (Motor-Treiber – ein Motor)

- 1 Raspberry Pi Pico
- 1 Steckbrett
- 1 Motor-Treiber-Board TB6612FNG
- 1 Motor 6 V
- 1 Batterie-Pack (passend zur Spannung der beiden Motoren)
- Jumper-Wires

Der Aufbau auf dem Steckbrett ist in Abbildung 4.22 dargestellt.

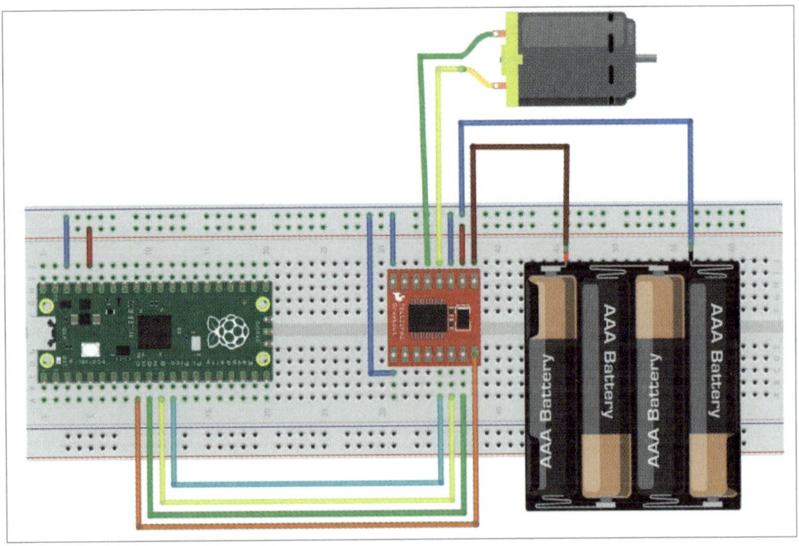

Abb. 4.22: Steckbrett-Aufbau: Motor-Treiber mit 1 Motor

Gemäß Tabelle 4.2 werden die Drehrichtung des Motors, die Geschwindigkeit und der Betriebsmode (Betrieb oder Standby) über die Steuersignale des Pico geregelt.

Im MicroPython-Programm werden zuerst die notwendigen Bibliotheken geladen (`buch-rpi-pico-kap4-motor-treiber.py`).

```
# Pico - Ansteuerung Motor-Treiber
# Datei: buch-rpi-pico-kap4-motor-treiber.py

#Bibliotheken
import machine
import utime
```

Dann werden die vier digitalen Pins für die Steuersignale bereitgestellt. Über Pin GP6 als PWM-Signal wird die Geschwindigkeit eingestellt.

```
#Variablen
motPWM = machine.PWM(machine.Pin(6))
motPWM.freq(1000)
motIn2=machine.Pin(7, machine.Pin.OUT)
motIn1=machine.Pin(8, machine.Pin.OUT)
motStby=machine.Pin(9, machine.Pin.OUT)
```

Im Hauptprogramm wird das Standby-Signal auf HIGH gesetzt, um den Motor-Treiber in den Betriebsmodus zu setzen. Die Geschwindigkeit als PWM-Signal wird auf einen Wert von 40000 gesetzt. Das entspricht einem PWM mit einer Impulszeit T von rund 60 Prozent. Somit ist die Geschwindigkeit auch bei rund 60 Prozent der Maximalgeschwindigkeit.

Dann wird der Vorwärtsbetrieb aktiviert und der Motor läuft vorwärts, bis nach einer Verzögerung von zwei Sekunden der PWM-Wert auf 10000 und die Rückwärtsrichtung aktiviert wird. Der Motor läuft nun mit geringerer Geschwindigkeit in umgekehrter Richtung. Nach zwei Sekunden ist der Rückwärtsbetrieb beendet und der Vorgang beginnt wieder am Anfang.

```
#Hauptprogramm
while True:
    motStby.value(1)
    #Vorwärts
    motPWM.duty_u16(40000)
    motIn1.value(1)
```

```
    motIn2.value(0)
    print("Motor Vorwärts")
    utime.sleep(2)
    #Rückwärts
    motPWM.duty_u16(10000)
    motIn1.value(0)
    motIn2.value(1)
    print("Motor Rückwärts")
    utime.sleep(2)
```

4.8.4 Praxisbeispiel: Motor-Ansteuerung (2 Motoren)

Wie bereits beschrieben, kann der eingesetzte Motor-Treiber zwei Motoren unabhängig voneinander ansteuern. Mit dem Erweitern des oben beschriebenen Motor-Beispiels kann ein kleines selbstfahrendes Roboter-Fahrzeug realisiert werden.

Stückliste (Motor-Treiber – zwei Motoren)

- 1 Raspberry Pi Pico
- 1 Steckbrett
- 1 Motor-Treiber-Board TB6612FNG
- 2 Motoren 6 V
- 1 Batterie-Pack (passend zur Spannung der beiden Motoren)
- Jumper-Wires

Die Erweiterung mit der Ansteuerung von zwei Motoren ist im Steckbrett-Aufbau in Abbildung 4.23 dargestellt.

Neben dem zusätzlichen Motor ist der Steckbrett-Aufbau mit den drei zusätzlichen Signalleitungen `BI1`, `BI2` und `PWMB` erweitert worden. Diese Steuersignale werden vom Pico über die Ausgänge GP10 (`PWMB`), GP11 (`BI2`) und GP12 (`BI1`) geliefert.

Basierend auf dem vorherigen Beispiel wird das Programm für die Ansteuerung von zwei Motoren (`buch-rpi-pico-kap4-2-motor-treiber.py`) entsprechend erweitert.

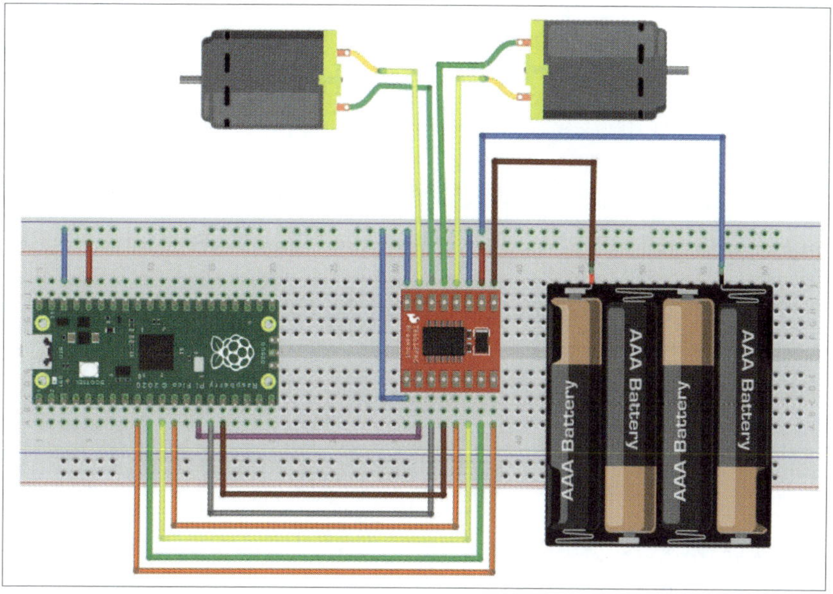

Abb. 4.23: Steckbrett-Aufbau: Motor-Treiber mit zwei Motoren

Nach dem Laden der notwendigen Bibliotheken

```
# Pico - Ansteuerung Motor-Treiber mit 2 Motoren
# Datei: buch-rpi-pico-kap4-2-motor-treiber.py

#Bibliotheken
import machine
import utime
```

werden die Pins für die Ansteuerung des Motor-Treibers definiert. Für den zweiten Motor werden die zusätzlichen Ausgänge GP10, GP11 und GP12 genutzt. Das Signal für den Standby-Betrieb des Motor-Treibers wirkt für beide Motoren und ist bereits im Ein-Motor-Beispiel konfiguriert.

```
#Variablen
#Motor A
motAPWM = machine.PWM(machine.Pin(6))
motAPWM.freq(1000)
motAIn1=machine.Pin(7, machine.Pin.OUT)
motAIn2=machine.Pin(8, machine.Pin.OUT)
```

```
motStby=machine.Pin(9, machine.Pin.OUT)
#Motor B
motBPWM = machine.PWM(machine.Pin(10))
motBPWM.freq(1000)
motBIn1=machine.Pin(11, machine.Pin.OUT)
motBIn2=machine.Pin(12, machine.Pin.OUT)
```

Im Hauptprogramm wird nun zusätzlich zum ersten Motor (Motor A) auch der zweite Motor (Motor B) angesteuert. Für beide Motoren werden die gleichen Anweisungen für Richtung und Geschwindigkeit vorgegeben.

```
#Loop
while True:
    motStby.value(1)
    #Vorwärts A
    motAPWM.duty_u16(40000)
    motAIn1.value(1)
    motAIn2.value(0)
    print("Motor A Vor")
    #Vorwärts B
    motBPWM.duty_u16(40000)
    motBIn1.value(1)
    motBIn2.value(0)
    print("Motor B Vor")
    utime.sleep(2)
    #Rückwärts A
    motAPWM.duty_u16(10000)
    motAIn1.value(0)
    motAIn2.value(1)
    print("Motor A Rück")
    #Rückwärts B
    motBPWM.duty_u16(10000)
    motBIn1.value(0)
    motBIn2.value(1)
    print("Motor B Rück")
    utime.sleep(2)
```

Mit dem Ausführen des Programms bewegen sich die beiden Motoren in Vorwärtsrichtung und anschließend in Rückwärtsrichtung.

4.8.5 Praxisbeispiel: Mini-Roboter

Mit den zwei einzeln steuerbaren Motoren kann nun ein Roboter-Fahrzeug realisiert werden, das unterschiedliche Fahrbewegungen und Richtungsänderungen ausführt.

Wird beispielsweise nur ein Motor angesteuert, erfolgt eine Richtungsänderung nach links oder rechts. Eine Drehrichtungsänderung am Ort (Kreisbewegung oder Donut) erfolgt, wenn der eine Motor in Vorwärtsrichtung und der andere Motor in Rückwärtsrichtung betrieben wird.

Für einen Roboter-Betrieb lohnt es sich, die einzelnen Bewegungen (Vor, Rück, Links, Rechts, Stopp) in einzelne Funktionen zu verpacken. Aus dem Hauptprogramm werden anschließend nur noch die gewünschten Bewegungen aufgerufen.

```
#Hauptprogramm
while True:
    motStby.value(1)
    #Vorwärts
    RobVor(20000)
    utime.sleep(2)
    RobVor(40000)
    utime.sleep(2)
    #Stopp
    RobStop()
    utime.sleep(2)
```

Im Beispiel werden zwischen den einzelnen Bewegungsänderungen kurze Pausenzeiten eingefügt. Die Freigabe der Motoren erfolgt über den Standby-Pin an Pin GP9.

Im Roboter-Programm werden wieder zuerst die Bibliotheken geladen und die einzelnen Pins für die Ansteuerung definiert (`buch-rpi-pico-kap4-roboter.py`).

```
# Pico - Ansteuerung Roboter
# Datei: buch-rpi-pico-kap4-roboter.py

#Bibliotheken
import machine
import utime
```

```
#Variablen
motStby=machine.Pin(9, machine.Pin.OUT)

#Motor A
motAPWM = machine.PWM(machine.Pin(6))
motAPWM.freq(1000)
motAIn1=machine.Pin(7, machine.Pin.OUT)
motAIn2=machine.Pin(8, machine.Pin.OUT)

#Motor B
motBPWM = machine.PWM(machine.Pin(10))
motBPWM.freq(1000)
motBIn1=machine.Pin(11, machine.Pin.OUT)
motBIn2=machine.Pin(12, machine.Pin.OUT)
```

Bei den einzelnen Funktionen, außer der Stopp-Funktion, wird aus dem Hauptprogramm jeweils die gewünschte Geschwindigkeit mitgegeben. Der Wertebereich liegt für dieses PWM-Signal im Bereich von 0 bis 65535.

```
#Funktionen
def RobVor(speed):
    #Vorwärts
    motAPWM.duty_u16(speed)
    motBPWM.duty_u16(speed)
    motAIn1.value(1)
    motAIn2.value(0)
    motBIn1.value(1)
    motBIn2.value(0)

def RobRueck(speed):
    #Rückwärts
    motAPWM.duty_u16(speed)
    motBPWM.duty_u16(speed)
    motAIn1.value(0)
    motAIn2.value(1)
    motBIn1.value(0)
    motBIn2.value(1)

def RobRechts(speed):
    #Rechts
```

```
    motAPWM.duty_u16(speed)
    motBPWM.duty_u16(0)
    motAIn1.value(1)
    motAIn2.value(0)
    motBIn1.value(0)
    motBIn2.value(0)

def RobLinks(speed):
    #Links
    motAPWM.duty_u16(0)
    motBPWM.duty_u16(speed)
    motAIn1.value(0)
    motAIn2.value(0)
    motBIn1.value(1)
    motBIn2.value(0)

def RobStop():
    #Stopp
    motStby.value(0)
```

Im Hauptprogramm werden nun alle möglichen Schritte nacheinander aufgerufen:

```
#Hauptprogramm
while True:
    motStby.value(1)
    #Vorwärts
    RobVor(20000)
    utime.sleep(2)
    RobVor(40000)
    utime.sleep(2)
    #Stop
    RobStop()
    utime.sleep(2)
    #Rückwärts
    motStby.value(1)
    RobRueck(20000)
    utime.sleep(2)
    #Stop
    RobStop()
```

```
    utime.sleep(2)
    #Rechts
    motStby.value(1)
    RobRechts(20000)
    utime.sleep(2)
    #Stop
    RobStop()
    utime.sleep(2)
    #Links
    motStby.value(1)
    RobLinks(20000)
    utime.sleep(2)
    #Stop
    RobStop()
    utime.sleep(2)
```

Mit diesem Grundgerüst an Funktionen kann ein selbstfahrendes Roboterfahrzeug aufgebaut werden.

Als mögliche Erweiterungen können externe Sensoren wie Endschalter, Ultraschall-Sensor oder Lichtsensor ergänzt werden. Auch könnte eine kleine Bedieneinheit mit Tastern zur Steuerung realisiert werden.

Kapitel 5
Analoge Welt

Mit dem im Pico integrierten Analog/Digital-Wandler (ADC) können externe Spannungen im Bereich von 0 bis 3,3 V gemessen werden. Die analogen Signale können von externen Sensoren, einem Potentiometer oder einer externen Messschaltung auf den Pico geführt werden. Für eine Spannungsmessung muss somit keine externe Elektronik am Raspberry Pi Pico angeschlossen werden.

Der Pico besitzt fünf analoge Eingänge. Es sind aber nur drei Kanäle auf die Pins GP26, GP27 und GP28 geführt. Die beiden restlichen Kanäle werden intern für die Messung der Spannung am Pin VSYS und für den Chip-internen Temperatursensor verwendet.

Die Auflösung der internen Analog/Digital-Wandler beträgt 12 Bit. Dies bedeutet einen Messbereich von 0 bis 4095. Dieser Messbereich ist in MicroPython auf einen 16-Bit-Bereich von 0 bis 65535 hochgerechnet.

5.1 Spannung einlesen

Die Messung einer Spannung erfolgt in MicroPython über die Auswahl des Messkanals

```
analogkanal = machine.ADC(26)
```

und dem anschließenden Einlesen des Messwerts

```
analogwert = analogkanal.read_u16()
```

In diesem Beispiel wird der Messkanal über die Angabe der Pin-Nummer ausgewählt. Es kann aber auch direkt der Messkanal eingegeben werden – Kanal 0 ist an Pin GP26.

```
analogkanal = machine.ADC(0)
```

Entsprechend sind Kanal 1 an GP27 und Kanal 2 an GP28.

Die beiden restlichen Kanäle 3 und 4 werden für die oben beschriebenen, internen Messungen verwendet.

5.2 Praxisbeispiel: Messung mit dem internen Temperatursensor

Der am analogen Kanal angeschlossene interne Temperatursensor ist eine interne Diode. Mit der Spannungsmessung wird die Durchlass-Spannung gemessen. Diese verändert sich um –1,72 Millivolt (mV) pro Grad Celsius.

Im Programm zur internen Temperaturmessung (`buch-rpi-pico-kap5-tempsensor-intern.py`) werden zuerst die nötigen Bibliotheken geladen. Anschließend wird der Messkanal 4 ausgewählt. Der Umrechnungsfaktor für eine Spannungsmessung wird in der Variablen `conversion_factor` gespeichert.

Im Hauptprogramm wird anschließend die interne Spannung der Diode gemessen. Dann wird die Temperatur anhand der bekannten Spannungsveränderung pro Grad ermittelt. Der errechnete Temperaturwert wird anschließend mit der `print`-Anwendung ausgegeben.

```
# Pico - Messung interne Spannung des Temperatursensors
# Datei: buch-rpi-pico-kap5-tempsensor-intern.py

import machine
import utime

#Variablen/Objekte
sensor_temp = machine.ADC(4)
conversion_factor = 3.3 / (65535)

#Loop
while True:
    reading = sensor_temp.read_u16() * conversion_factor
    temperature = 27 - (reading - 0.706)/0.001721
    print(temperature)
    utime.sleep(2)
```

5.3 Praxisbeispiel: Poti mit LED-Ampel

Mit wenigen Zeilen Code kann der Pico eine Analog-Spannung über einen der drei verfügbaren Analog-Kanäle einlesen.

Bei jeder Spannungsmessung steht ein Anwendungsfall mit Messwerten dahinter. Somit macht es Sinn, dass man die eingelesenen Messwerte weiterverarbeitet, umwandelt und möglicherweise visualisiert.

Eine sogenannte LED-Ampel kann zur Anzeige von Spannungsbereichen verwendet werden. Ein Messsignal von 0 bis 3,3 V kann dabei in verschiedene Bereiche, beispielsweise Temperaturbereiche, aufgeteilt und mit farbigen Leuchtdioden optisch angezeigt werden. Abbildung 5.1 zeigt den Stromlaufplan für dieses Projekt.

Die Simulation des Messsignals kann mit einem verstellbaren Widerstand oder Potentiometer (P1) umgesetzt werden. Durch Verstellen der Achse des Potentiometers kann der Widerstandswert von Minimum bis Maximum und umgekehrt verändert werden. Am Mittelabgriff, der auf den analogen Eingang GP27 (A1) führt, kann die Messspannung abgegriffen werden.

Die vier farbigen Leuchtdioden werden an den Ausgängen GP6 bis GP9 angeschlossen.

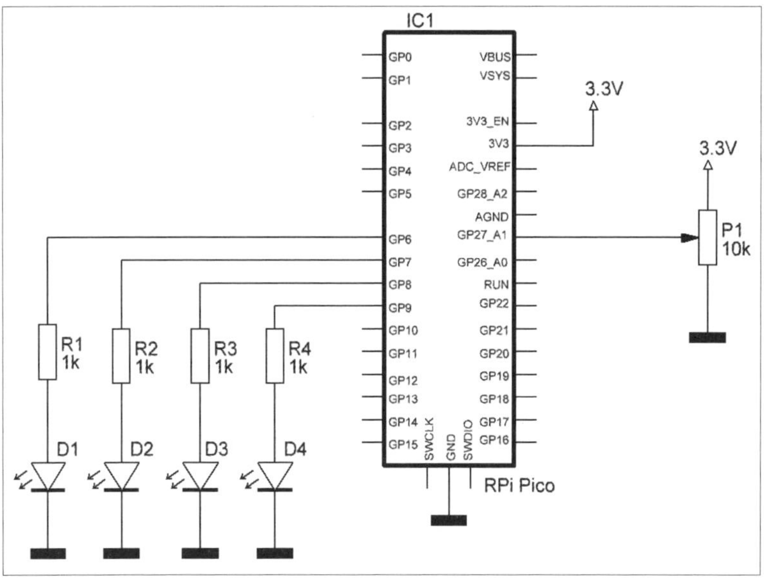

Abb. 5.1: Stromlaufplan: LED-Ampel

Stückliste (LED-Ampel)

- 1 Raspberry Pi Pico
- 1 Steckbrett
- 4 Widerstände 1 kOhm (Braun, Schwarz, Rot, R1–R4)
- 1 Potentiometer 10 kOhm (P1)
- 4 Leuchtdioden (Farbe nach Wahl, D1–D4)
- Jumper-Wires

In Abbildung 5.2 ist der Steckbrett-Aufbau für die LED-Ampel zu sehen.

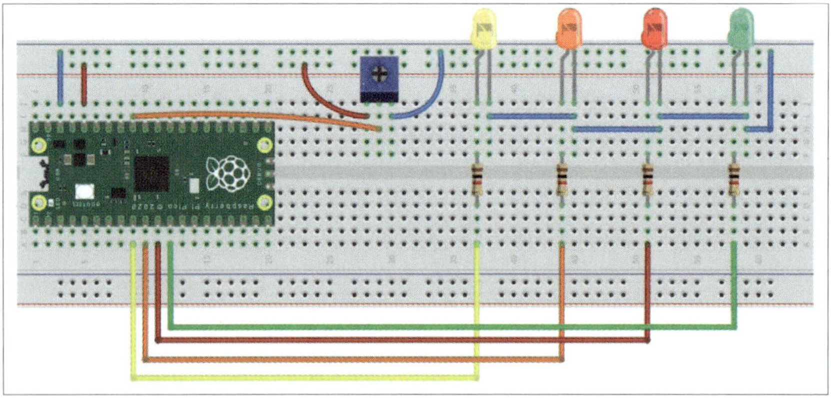

Abb. 5.2: Steckbrett-Aufbau: LED-Ampel

Im MicroPython-Programm für die LED-Ampel werden zuerst die Bibliotheken geladen:

```
# RPi Pico - LED-Ampel
# Datei: buch-rpi-pico-kap5-led-ampel.py

#Bibliotheken
import machine
import utime
```

Dann werden der Anschluss-Pin für den analogen Eingang und die Ausgänge der vier Leuchtdioden definiert:

```
#Variablen/Objekte
potentiometer = machine.ADC(27)

led1=machine.Pin(6, machine.Pin.OUT)
led2=machine.Pin(7, machine.Pin.OUT)
led3=machine.Pin(8, machine.Pin.OUT)
led4=machine.Pin(9, machine.Pin.OUT)
```

Im Hauptprogramm wird zu Beginn der analoge Messwert des Potentiometers eingelesen und in der Variablen `pot` gespeichert.

```
#Loop
while True:
    pot=potentiometer.read_u16()
```

Anschließend erfolgt die Prüfung, ob der Messwert vier verschiedene Pegel überschritten hat. Der Messwert des Potentiometers ist eine 16-Bit-Zahl und hat somit einen Bereich von 0 bis 65535. Die einzelnen Pegel, die dann durch Leuchtdioden angezeigt werden, sind 20000, 30000, 40000 und 50000.

Für jeden Pegel wird eine Prüfabfrage ausgeführt:

```
if pot > 20000:
        led1.value(1)
        print("LED1 ON")
    else:
        led1.value(0)
        print("LED1 OFF")
```

Falls der Wert den Prüfpegel überschreitet, wird die jeweilige Leuchtdiode auf 1 gesetzt, die LED leuchtet. Ist der Messwert unterhalb des Prüfpegels, wirkt die `else`-Verzweigung. Der Ausgang für die LED wird auf 0 gesetzt, die LED ist aus. Zur Kontrolle wird der LED-Status mit einer Print-Anweisung auf die Shell geschrieben.

Die weiteren Pegelprüfungen funktionieren nach dem gleichen Prinzip.

Nach den Pegelprüfungen erfolgt noch eine Verzögerung von 0,5 Sekunden.

```
if pot > 30000:
        led2.value(1)
        print("LED2 ON")
    else:
```

```
        led2.value(0)
        print("LED2 OFF")

    if pot > 40000:
        led3.value(1)
        print("LED3 ON")
    else:
        led3.value(0)
        print("LED3 OFF")

    if pot > 50000:
        led4.value(1)
        print("LED4 ON")
    else:
        led4.value(0)
        print("LED4 OFF")

    utime.sleep(0.5)
```

Nach der Verzögerung beginnt der nächste Programmdurchlauf.

Je nach Wunsch können die einzelnen Pegel angepasst werden. Auch können weitere Stufen mit Leuchtdioden verwendet werden.

Mögliche Erweiterungen

- Anzeige von Sensorwert (Temperatursensor, Lichtsensor etc.)
- Display für Abstandssensor

5.4 Praxisbeispiel: Lichtmesser mit LDR

Der Fotowiderstand oder LDR (Light Dependent Resistor) ist ein lichtabhängiger Widerstand. Der Widerstandswert eines Fotowiderstands nimmt ab, je mehr Licht auf den Sensor fällt. Der Widerstandswert ist bei Dunkelheit im Bereich von 1 bis 10 MOhm (Megaohm), bei Helligkeit im Bereich von 500 Ohm bis 2 kOhm. Dies ist abhängig vom verwendeten Bauteiltyp.

Ein Fotowiderstand ist ein Bauteil mit zwei Anschlussdrähten (Abbildung 5.3).

Er eignet sich ideal für die Lichtmessung oder Hell/Dunkel-Schaltungen.

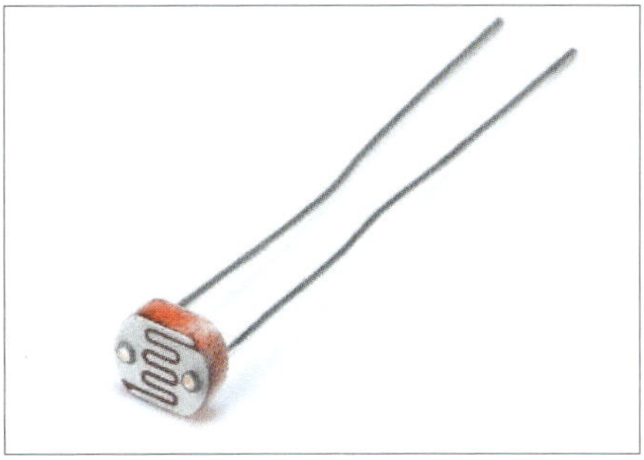

Abb. 5.3: Fotowiderstand (Quelle: aliexpress.com)

Dank des Widerstandsverhaltens kann der Fotowiderstand in einer einfachen Spannungsteiler-Schaltung eingesetzt werden. In Abbildung 5.4 wird dieser Anwendungsfall gezeigt. Der sogenannte Spannungsteiler wird mit dem Fotowiderstand (R2) und dem Festwiderstand (R1) gebildet.

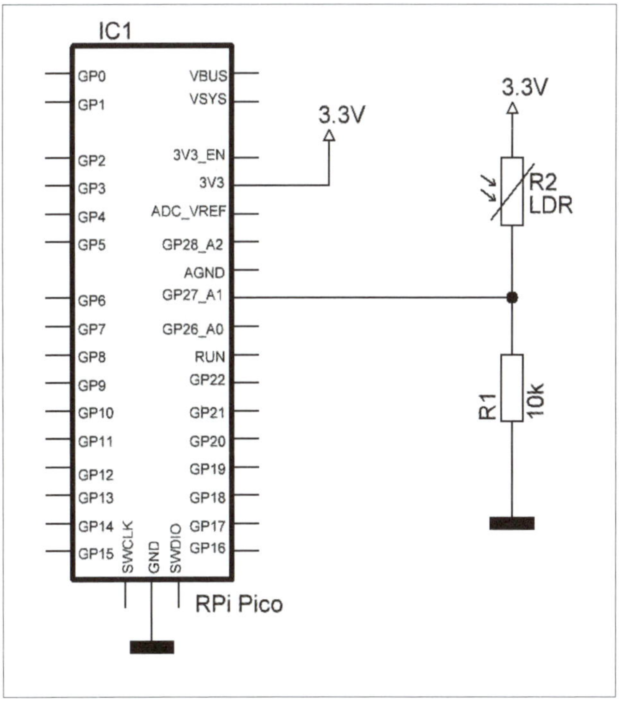

Abb. 5.4: Lichtmesser mit LDR (Stromlaufplan)

Bei Dunkelheit wirkt der LDR als hochohmiger Widerstand. Der Widerstandswert ist im Verhältnis zu Widerstand R1 hoch und entsprechend ist eine kleine Messspannung am Eingang GP27 des Pico zu messen.

Das umgekehrte Verhalten ist bei hohem Lichteinfall. Der Fotowiderstand hat einen sehr kleinen Widerstand und entsprechend ist die Messspannung hoch.

Es gilt also die Faustformel: viel Licht – hohe Messspannung und umgekehrt wenig Licht und wenig Spannung.

Die für den Schaltungsaufbau nötigen Bauteile sind in der Stückliste aufgelistet.

Stückliste (Lichtmesser mit LDR)

- 1 Raspberry Pi Pico
- 1 Steckbrett
- 1 Widerstand 10 kOhm (Braun, Schwarz, Orange)
- 1 Fotowiderstand (LDR)
- Jumper-Wires

In Abbildung 5.5 ist der Steckbrett-Aufbau für den Lichtmesser dargestellt.

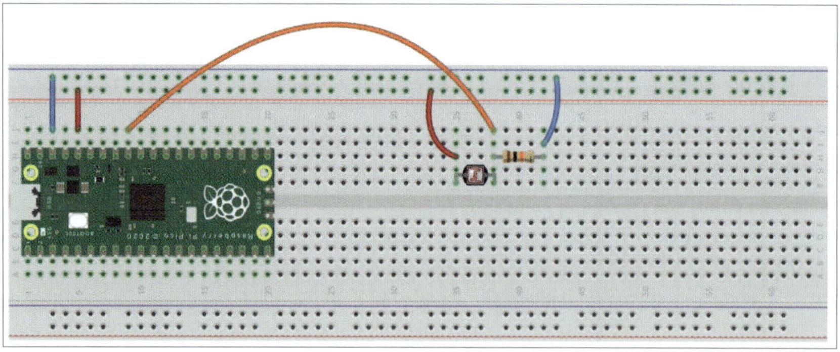

Abb. 5.5: Steckbrett-Aufbau: Lichtmesser mit LDR

Für die Ermittlung des Lichteinfalls wird nun die Messspannung an GP27 (Analog A1) eingelesen.

In der Konsole wird nun im Zwei-Sekunden-Takt ein aktueller Messwert ausgegeben (Abbildung 5.6). Der maximale Wertebereich beträgt dabei 0 bis 65535.

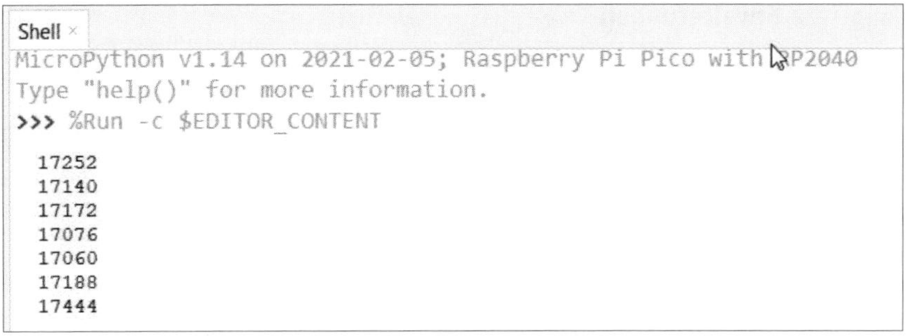

Abb. 5.6: Lichtmesser mit LDR – Ausgabe in der Konsole

Im MicroPython-Programm für den Lichtmesser (`buch-rpi-pico-kap5-licht-ldr.py`) werden dabei wie gewohnt die Bibliotheken geladen:

```
# Pico - Lichtmesser mit LDR
# Datei: buch-rpi-pico-kap5-licht-ldr.py

#Bibliotheken
import machine
import utime
```

Anschließend wird der analoge Eingang für die Messung definiert:

```
# Variablen/Objekte
licht = machine.ADC(27)
```

Im Hauptprogramm wird nun der Messwert eingelesen und in der Variablen `lichtmesser` gespeichert. Nach einer Pause von zwei Sekunden erfolgt ein neuer Messvorgang:

```
while True:
    lichtmesser=licht.read_u16()
    print(lichtmesser)
    utime.sleep(2)
```

Der eingelesene Messwert der Helligkeit ist dabei kein kalibrierter Wert in Lux, sondern eine Zahl, die eine Tendenz anzeigt. Wie bereits erwähnt deutet ein hoher Wert auf viel Helligkeit hin, ein tiefer Wert ist bei schwächeren Lichtverhältnissen zu messen.

Mögliche Erweiterungen

- Anzeige als Ampel mit Leuchtdioden
- Messwertanzeige mit RGB-LED
- Ausgabe auf Display mit Textwerten

5.5 Praxisbeispiel: Temperaturmessung mit NTC

Die Messung von Temperaturen kann auf verschiedenste Arten umgesetzt werden. In Abschnitt 5.2 wurde die Temperatur im Innern des RP2040-Microcontrollers beschrieben. Als Sensor wurde eine Chip-interne Diode mit einem definierten Temperaturkoeffizienten eingesetzt.

Mit dieser Lösung kann natürlich keine Umgebungstemperatur im Außenbereich gemessen werden. Dazu ist ein wasserdichter Sensor nötig.

Glücklicherweise gibt es im Elektronik-Handel eine ganze Menge an Sensoren für Messungen im Außenbereich.

Eine einfache und günstige Lösung ist ein Thermistor oder NTC-Sensor. Dies ist ein temperaturabhängiger Widerstand mit einem negativen Temperaturkoeffizienten (NTC heißt *Negative Temperature Coefficient*). Dieser negative Koeffizient bedeutet, dass der Widerstandswert bei steigender Temperatur sinkt. Der Sensor hat also bei tiefen Temperaturen einen hohen Widerstand (Bereich von 100 bis 500 kOhm) und bei hohen Temperaturen einen kleinen Widerstand (Bereich 500 bis 1000 Ohm).

In Abbildung 5.7 ist ein Sensor-Typ mit Anschlusskabel und einem geschlossenen Gehäuse dargestellt. Einfachere Typen sind in einem kleinen runden Gehäuse aufgebaut und haben zwei Drahtanschlüsse.

Dank des Verhaltens wie ein Widerstand kann der NTC für eine Temperaturmessung auch in einer Spannungsteiler-Schaltung betrieben werden.

Der Stromlaufplan für diese Schaltung ist in Abbildung 5.8 dargestellt. Das Messsignal der Schaltung mit dem NTC wird auch wieder an den analogen Eingang A1 (GP27) des Pico geführt.

Die für den Schaltungsaufbau nötigen Bauteile sind in der Stückliste aufgelistet.

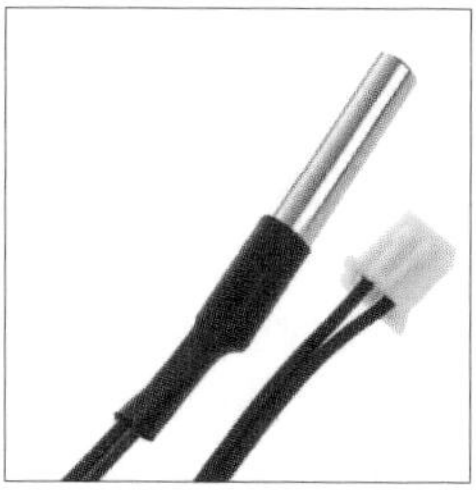

Abb. 5.7: Thermistor oder NTC (Quelle aliexpress.com)

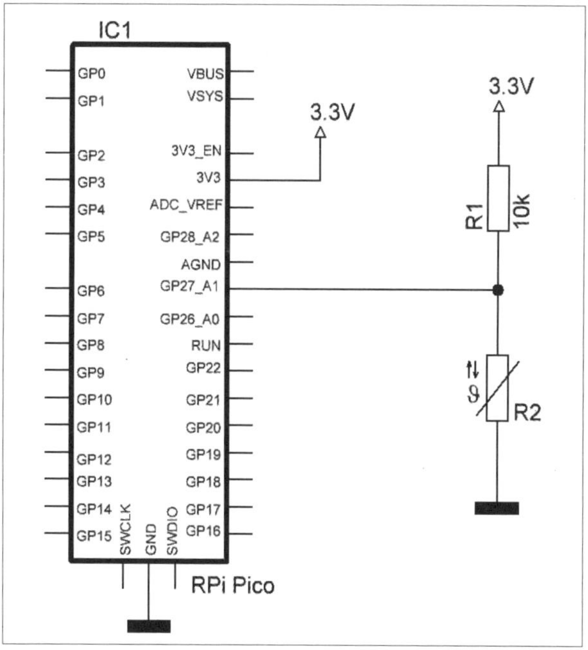

Abb. 5.8: Temperaturmessung mit NTC (Stromlaufplan)

Stückliste (Temperaturmessung mit NTC)

- 1 Raspberry Pi Pico
- 1 Steckbrett
- 1 Widerstand 10 kOhm (Braun, Schwarz, Orange)
- 1 NTC 10 kOhm
- Jumper-Wires

Der Steckbrett-Aufbau für die Temperatur-Mess-Schaltung ist in Abbildung 5.9 dargestellt.

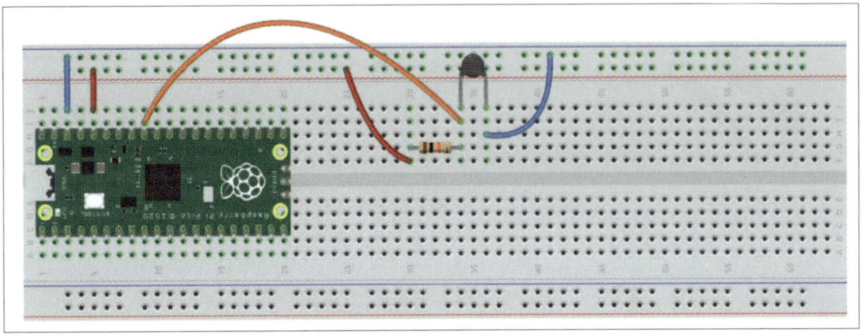

Abb. 5.9: Steckbrett-Aufbau: Temperaturmesser mit NTC

Für dieses Projekt wird ein NTC mit einem Nennwert von 10 kOhm (gemessen bei 25 Grad Celsius) eingesetzt. Die genauen Widerstandswerte für andere Temperaturen können Sie aus dem Datenblatt des Herstellers ablesen.

Leider hat der NTC keine lineare Kennlinie und darum ist die Messspannung aus der Schaltung aus Abbildung 5.8 nicht linear zur Temperatur.

Glücklicherweise wurde das Temperaturverhalten dieser Sensoren von Forschern untersucht und mathematisch ausformuliert. Das Resultat ist die sogenannte Steinhart-Hart-Gleichung, die die Veränderung des elektrischen Widerstands bei Temperaturveränderung beschreibt.

Diese Formel wird bei vielen NTC-Sensor-Anwendungen mit Microcontrollern verwendet und ist für verschiedene Programmiersprachen umgesetzt. Diese Lösung basiert auf dem CircuitPython-Beispiel von Adafruit.

Im Programm für die Messschaltung werden wieder die notwendigen Bibliotheken geladen (`buch-rpi-pico-kap5-ntc.py`):

```
# Pico - Temperaturmessung mit NTC
# Datei: buch-rpi-pico-kap5-ntc.py

#Bibliotheken
import machine
import utime
```

Nun wird der Pin für das Messsignal sowie der Wert des NTC bei 25 Grad Celsius und der Vorwiderstand angegeben. In der Variablen `Temp` wird im Hauptprogramm die aktuelle Temperatur gespeichert.

```
# Variablen/Objekte
pinAnalog = machine.ADC(27)
Wid25Grad= 10000
WidOhm= 10000
Temp = 0
```

Die Temperaturermittlung gemäß der Steinhart-Hart-Gleichung erfolgt in einer separaten Funktion `steinhart_temperatur_C`, die aus dem Hauptprogramm aufgerufen wird. Dieser Funktion werden der aktuelle Widerstandswert des NTC, der Nennwert des NTC, die Temperatur, auf die der Nennwert bezogen wird, sowie ein Koeffizient übergeben.

```
# Funktionen
def steinhart_temperatur_C(r, Ro=Wid25Grad, To=25.0,
beta=3950.0):
    import math
    steinhart = math.log(r / Ro) / beta
# log(R/Ro) / beta
    steinhart += 1.0 / (To + 273.15)
# log(R/Ro) / beta + 1/To
    steinhart = (1.0 / steinhart) - 273.15
# Invert, convert to C
    return steinhart
```

Als Rückgabewert erwartet das Hauptprogramm die berechnete Temperatur in Grad Celsius.

Im Hauptprogramm wird der aktuelle Messwert eingelesen. Nun kann der Widerstandswert des NTC in der Spannungsteiler-Schaltung berechnet werden. Der Widerstandswert wird in der Variablen `R` gespeichert. Anschließend wird der Widerstandswert an die Umrechnungsfunktion übergeben und der Rückgabewert in der Variablen `Temp` gespeichert.

Der aktuelle Temperaturwert in der Variablen `Temp` kann nun auf die Konsole ausgegeben werden. Nach zwei Sekunden erfolgt eine neue Temperaturmessung.

```
# Hauptprogramm
while True:
    thermistor = pinAnalog.read_u16()
    R = WidOhm / (65535/thermistor -1 )
    Temp=steinhart_temperatur_C(R)
    print(Temp)
    utime.sleep(2)
```

Nach dem Hochladen und Speichern des Programms erscheinen in der Konsole die ersten Messergebnisse. Sobald man den Sensor erwärmt, kann man mitverfolgen, wie sich die gemessene Temperatur erhöht (Abbildung 5.10).

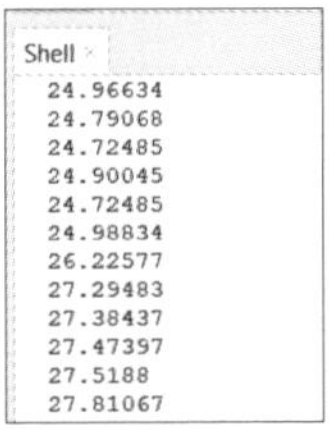

Abb. 5.10: Temperaturmessung mit NTC

Diese recht einfache Temperaturmessung eignet sich auch ideal für die Aufzeichnung der Außentemperaturen. Der NTC hat meist einen Messbereich von –25 bis +125 Grad Celsius.

Mögliche Erweiterungen

- Erweiterung mit Display
- Anzeige der Temperatur mit farbigen Leuchtdioden als Balkenanzeige

Kapitel 6
Anzeigen

Anzeigen erweitern eine Microcontroller-Anwendung um ein optisches Interface nach außen. Auch im eigenen Umfeld im Haushalt finden Sie verschiedene Arten von Anzeigen. Günstige Geräte wie Wecker oder Raumsensoren haben meist eine Flüssigkristall-Anzeige (LCD). Neuere Geräte wie moderne Radios verwenden kleine OLED-Displays zur Anzeige von Informationen.

Für ganz einfache Statusanzeigen, wie beispielsweise bei einer Waschmaschine, werden einfache Leuchtdioden verwendet. Diese Anzeigen sind Statusanzeigen und können jeweils nur den Status Ein oder Aus anzeigen.

LCD- und OLED-Anzeigen sind auch im Bastlerumfeld sehr verbreitet und können als Einzelbauteile für wenige Euro im Elektronik-Handel eingekauft werden.

6.1 RGB-LED

Das einfachste Bauteil für die Anzeige eines Status ist eine Leuchtdiode. Diese kann grundsätzlich zwei Zustände darstellen – Ein und Aus. Mit einzelnen, unterschiedlich farbigen Leuchtdioden kann man einfache Zustände farblich darstellen.

Mixt man eine rote, eine gelbe und eine blaue LED, kann man eine sogenannte RGB-LED realisieren und mehrere Farben mit einer Leuchtdiode darstellen. Im Elektronik-Handel gibt es Leuchtdioden, die bereits alle drei Farben integriert haben.

In Abbildung 6.1 ist der Schaltungsaufbau einer solchen Leuchtdiode gemäß Datenblatt dargestellt. Dabei ist zu beachten, dass dies ein »Common-Anode«-Typ ist. Das heißt, dass der gemeinsame Anschluss an der Anode ist.

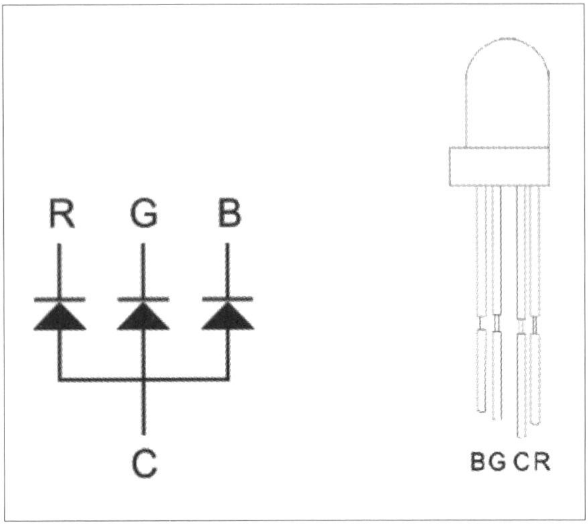

Abb. 6.1: RGB-LED

Um eine der drei integrierten Leuchtdioden zum Leuchten zu bringen, muss ein LOW-Pegel zugeführt werden.

Falls Sie keine RGB-LED zur Hand haben, kann diese auch mit drei einzelnen Leuchtdioden aufgebaut werden. Idealerweise deckt man die Einzelleuchtdioden mit einem weißen Stück Papier ab.

Stückliste (RGB-LED)

- 1 Raspberry Pi Pico
- 1 Steckbrett
- 4 Widerstände 1 kOhm (Braun, Schwarz, Rot)
- 1 RGB-LED (Common-Anode)
- 3 farbige Leuchtdioden statt RGB-LED (Rot, Grün, Blau) (optional)
- Jumper-Wires

Der Aufbau auf dem Steckbrett für die RGB-LED ist in Abbildung 6.2 dargestellt.

Die Ansteuerung der einzelnen Leuchtdioden der RGB-LED erfolgt über drei einzelne Ausgänge des Pico. Mittels PWM-Ansteuerung können auch weitere Farbmuster realisiert werden.

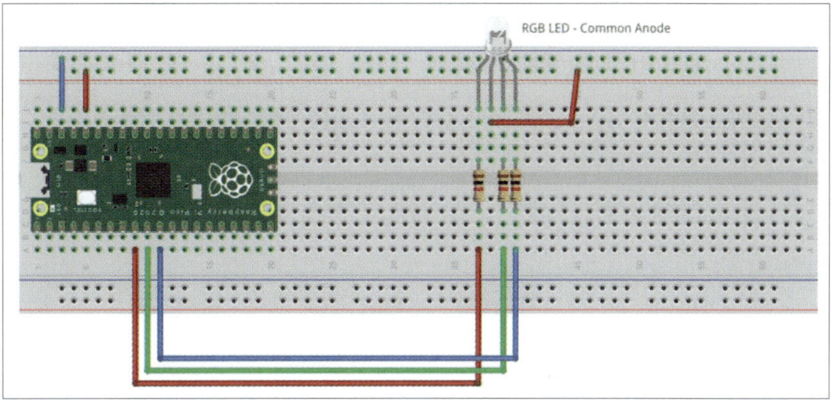

Abb. 6.2: Steckbrett-Aufbau: RGB-LED

Im Programm (`buch-rpi-pico-kap6-rgb.py`) werden zuerst die nötigen Bibliotheken geladen:

```
# RPi Pico - RGB LED
# Datei: buch-rpi-pico-kap6-rgb.py

#Bibliotheken
from machine import Pin, PWM
import utime
```

Die drei Leuchtdioden werden über drei PWM-Ausgänge an Pin 6, 7 und 8 angeschlossen. Die PWM-Frequenz ist auf 1000 Hertz eingestellt.

```
#Variablen/Objekte
pwm_rot = machine.PWM(machine.Pin(6))
pwm_rot.freq(1000)
pwm_gruen = machine.PWM(machine.Pin(7))
pwm_gruen.freq(1000)
pwm_blau = machine.PWM(machine.Pin(8))
pwm_blau.freq(1000)
```

Aus dem Hauptprogramm wird für die Farbwahl eine Funktion `rgb(red, green, blue)` aufgerufen. Dabei werden die PWM-Parameter 0–1023 für jede Farbe mitgegeben. 0 bis 1023 ergibt ein PWM-Signal von 100 bis 0 Prozent. Der PWM-Bereich beim Pico ist standardmäßig eine 16-Bit-Zahl, also 0 bis 65535. Darum wird der Farbwert in der Funktion noch mit 64 multipliziert.

Die umgekehrte Angabe ist erforderlich, da die Leuchtioden mit einem LOW-Signal angesteuert werden. Bei 0 ist die Leuchtdiode somit 100 Prozent eingeschaltet und bei 1023 somit 0 Prozent.

```
# Funktionen
def rgb(red, green, blue):
    red=red*64
    green=green*64
    blue=blue*64
    pwm_rot.duty_u16(red)
    pwm_gruen.duty_u16(green)
    pwm_blau.duty_u16(blue)
```

Im Hauptprogramm werden nun nacheinander einzelne Farben eingestellt und für eine Sekunde eingeschaltet. Mit etwas Testen können Sie Ihre gewünschten Farben einstellen.

```
#Loop
while True:
    #rot
    rgb(0, 1023, 1023)
    utime.sleep(1)
    #gelb
    rgb(0, 0, 1023)
    utime.sleep(1)
    #blau
    rgb(1023, 1023, 0)
    utime.sleep(1)
```

6.2 LC-Display (LCD)

Flüssigkristall-Displays (meist LCD genannt) sind in vielen Geräten verbaut und haben eine große Verbreitung.

Handelsübliche LC-Displays sind meist zweizeilig und können pro Zeile 16–20 Zeichen darstellen. In Abbildung 6.3 sehen Sie zwei Typen von LCD.

Auf diesen Displays ist meist ein Display-Controller vom Typ HD44780 verbaut. Dies ist quasi der Standard für LC-Displays. Die Ansteuerung erfolgt dabei über eine standardisierte Parallel-Schnittstelle. Da diese Ansteuerung zwischen 7 und 11 digitale Signalleitungen erfordert, gibt es zwischenzeitlich

Displays, die über einen seriellen Bus (UART oder I2C) angesteuert werden können. Dazu sind, neben der Spannungsversorgung, nur ein bis zwei Signalleitungen notwendig.

Zusätzlich gibt es Wandlermodule, die die Parallelschnittstelle zur seriellen Schnittstelle erweitern. Damit können die bisherigen Display-Module weiterhin genutzt werden.

Abb. 6.3: LC-Display (Quelle: aliexpress.com)

In diesem Beispiel wird die Ansteuerung eines seriellen LC-Displays über den I2C-Bus erklärt. Der I2C-Bus wird in Kapitel 7 noch genauer beschrieben.

Stückliste (Ansteuerung LCD)

- 1 Raspberry Pi Pico
- 1 Steckbrett
- 1 LC-Display 16x2 mit I2C-Ansteuerung

- 1 Level-Shifter (2–4 Kanäle)
- Jumper-Wires

Abbildung 6.4 zeigt den Steckbrett-Aufbau für die Display-Ansteuerung über den I2C-Bus.

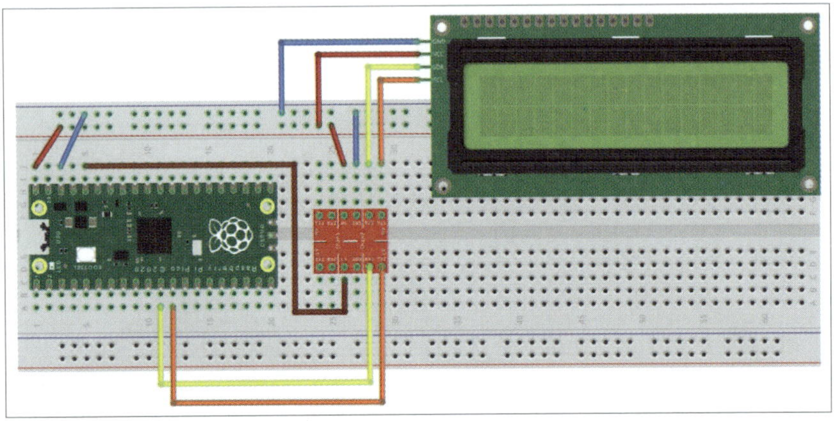

Abb. 6.4: Steckbrett-Aufbau: Ansteuerung LC-Display über I2C

Zu beachten ist dabei, dass das LC-Display mit über den Anschluss-Pin VBUS versorgt wird. Da die digitalen Signale des Pico aber mit 3,3-V-Logik arbeiten, wird ein sogenanntes Pegelwandler-Modul (Level-Shifter) dazwischengeschaltet. Diese Module gibt es für wenige Euro im Elektronik-Handel.

Der Level-Shifter macht eine saubere Signaltrennung zwischen zwei Logikpegeln und schützt den tieferen Logikpegel, in diesem Fall 3,3 V, vor zu hohen Spannungen vom höheren Logikpegel (). Die Signalrichtung ist bei den meisten Level-Shiftern bidirektional, das Signal kann also von beiden Seiten zugeführt werden.

In Abbildung 6.5 ist der Level-Shifter mit den zugehörigen Signalen gekennzeichnet. Der Level-Shifter kann vier Kanäle verarbeiten. Die linke Seite ist mit LV (Low Voltage) bezeichnet und für 3,3-V-Logik. Die rechte ist der HV-Teil (High Voltage) und für die 5-V-Logik. Bei beiden Logikpegeln muss die zugehörige Versorgungsspannung von außen zugeführt werden.

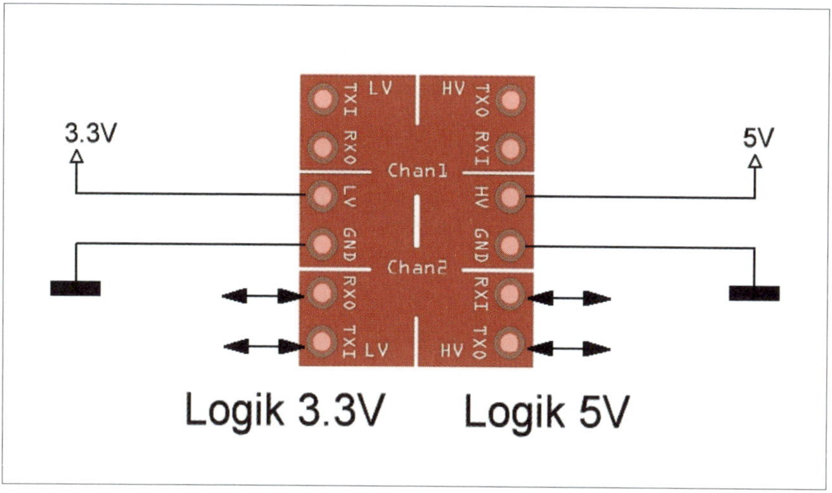

Abb. 6.5: Level-Shifter – Logikpegel

Dank der Ansteuerung über den I2C-Bus sind nur zwei Bussignale notwendig.

Für die Ansteuerung im Programm ist eine entsprechende Bibliothek notwendig. Diese ist unter der folgenden Adresse aufrufbar:

`https://github.com/T-622/RPI-PICO-I2C-LCD`

Die Bibliothek muss lokal gespeichert werden, anschließend können die Dateien `lcd_api.py` und `pico_i2c_lcd.py` in Thonny geladen und dann auf dem Pico gespeichert werden. Die Dateinamen dürfen dabei nicht verändert werden.

Im Programm für die LCD-Ansteuerung (`buch-rpi-pico-kap6-i2c-lcd.py`) werden nun wieder zuerst die notwendigen Bibliotheken geladen:

```
# Raspberry Pi Pico - I2C LCD
# Datei: buch-rpi-pico-kap6-i2c-lcd.py

# Bibliothek
from machine import I2C, Pin
from lcd_api import LcdApi
from pico_i2c_lcd import I2cLcd
import utime
```

Danach wird die Kommunikation über den I2C-Bus konfiguriert. Das Display wird im Bus über die Adresse 3F (HEX, also dezimal 63) angesprochen.

```
# Variablen/Objekte
I2C_ADDR     = 0x3F
I2C_NUM_ROWS = 2
I2C_NUM_COLS = 16

sda=machine.Pin(8)
scl=machine.Pin(9)
i2c = I2C(0, sda=sda, scl=scl, freq=400000)
lcd = I2cLcd(i2c, I2C_ADDR, I2C_NUM_ROWS, I2C_NUM_COLS)
```

Im Hauptprogramm wird zuerst der Bildschirm gelöscht und die Hintergrundbeleuchtung aktiviert.

Mit der LCD-Methode `move_to(Position Zeichen, Position Zeile)` wird die Position des Cursors gesetzt. Die Position beginnt mit 0 beim ersten Zeichen, 1 bedeutet also das zweite Zeichen. Die Angabe der Zeile beginnt auch mit 0 und somit ist 0 die erste Zeile. Für die zweite Zeile wird ein Zeichen auf Position 2 gesetzt und mit `putstr()` ausgegeben. Nach einer Pause von zwei Sekunden erfolgt der nächste Durchgang der Ausgabe auf das LC-Display.

```
# Hauptprogramm
while True:
    lcd.clear()
    lcd.backlight_on()
    lcd.move_to(1,0)
    lcd.putstr("1: Raspberry Pi")
    lcd.move_to(2,1)
    lcd.putstr("2: Pico")
    utime.sleep(2)
```

In der verwendeten Bibliothek stehen noch weitere Methoden (Tabelle 6.1).

Befehl	Beschreibung
`lcd.show_cursor()`	Cursor einschalten
`lcd.hide_cursor()`	Cursor ausschalten
`lcd.blink_cursor_on()`	Cursor-blinkt einschalten

Befehl	Beschreibung
`lcd.blink_cursor_off()`	Cursor-blinkt ausschalten
`lcd.backlight_on()`	Hintergrundlicht einschalten
`lcd.backlight_off()`	Hintergrundlicht ausschalten
`lcd.display_on()`	Display einschalten
`lcd.display_off()`	Display ausschalten

Tab. 6.1: LCD-Bibliothek – weitere Funktionen

6.3 OLED-Display

In den letzten Jahren hat sich in der Display-Technologie sehr viel verändert. Die bisher weitverbreiteten LC-Displays werden langsam durch neue Technologien abgelöst. Die neuen Displays sind meist auch Grafik-fähig, farbig und benötigen auch weniger Strom. Zur neuen Gruppe von Displays gehören auch die OLED-Displays. Die OLED-Technologie (OLED bedeutet *organic light emitting diode*, also organische Leuchtdiode) wird hauptsächlich bei Bildschirmen, Smartphones und Tablets verwendet. OLED-Displays bestehen aus mehreren organischen Halbleiterschichten und können daher auch für biegsame Displays verwendet werden.

Im Bastlerumfeld sind die kleinen OLED-Displays mit 0,96-Zoll- bis rund 1,3-Zoll-Bauformen sehr verbreitet und eignen sich ideal für kleine, oft auch batteriebetriebene Anwendungen wie Messgeräte, Uhren und Timer oder Sensormodule mit Anzeige.

Abbildung 6.6 zeigt eine Auswahl von OLED-Bauformen, wie sie bei den großen chinesischen Online-Händlern angeboten werden.

OLED-Displays können über verschiedene Arten angesteuert werden. Ganz praktisch und häufig im Einsatz sind die Modelle mit I2C-Bus-Ansteuerung. Die Kommunikation erfolgt bei diesen Typen somit über zwei Signalleitungen.

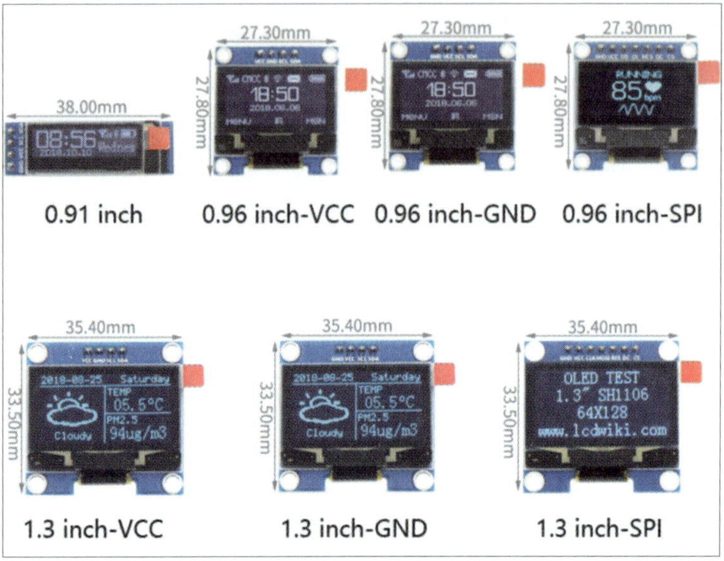

Abb. 6.6: Verschiedene Bauformen von OLED-Displays (Quelle aliexpress.com)

In Abbildung 6.7 wird der Steckbrett-Aufbau für OLED-Displays gezeigt. Die Ansteuerung nutzt dabei die gleichen Pins wie im vorherigen Beispiel mit dem LC-Display.

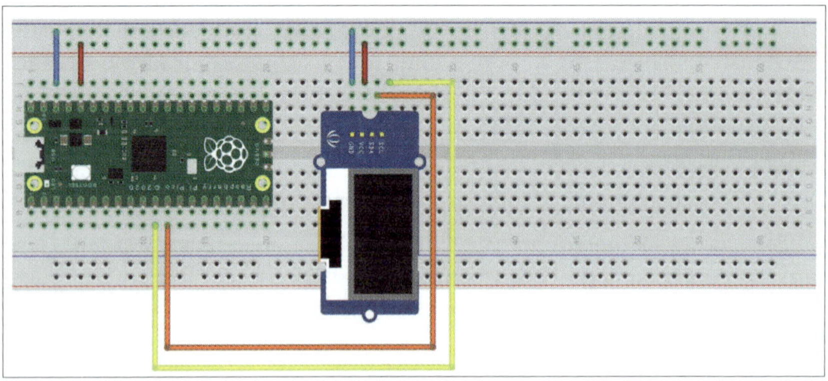

Abb. 6.7: Steckbrett-Aufbau: Ansteuerung OLED-Display über I2C

Stückliste (Ansteuerung OLED-Display)

- 1 Raspberry Pi Pico
- 1 Steckbrett
- 1 OLED-Display (beispielsweise 0,91 Zoll mit 128 x 32 Pixel)
- Jumper-Wires

Die einzelnen Pixel des verwendeten OLED-Displays, in meinem Fall ein Typ mit 128 x 32 Pixel, können einzeln angesteuert werden. Der Aufruf erfolgt dabei mittels Angabe der X- und Y-Koordinaten. Das Koordinatensystem für die Positionierung ist in Abbildung 6.8 dargestellt.

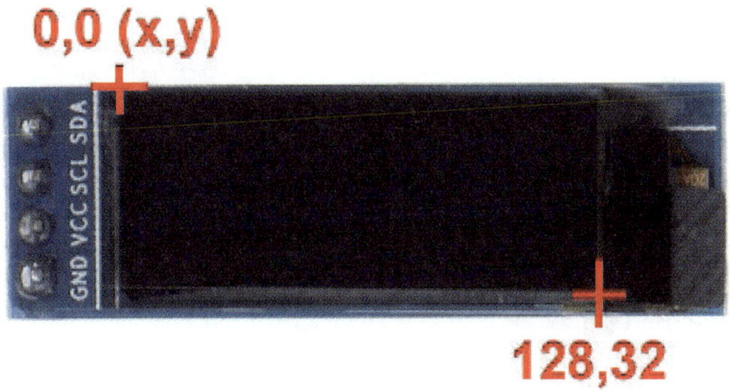

Abb. 6.8: OLED-Display – Koordinaten der Pixelpositionierung

Das OLED-Display ist an den I2C-Bus-Pins GP8 und GP9 mit dem Pico verbunden.

Für die Ansteuerung des Displays ist eine spezielle Bibliothek notwendig. Dazu muss die Bibliotheksdatei (`ssd1306.py`) in den Thonny-Editor geladen und dann auf dem Pico gespeichert werden.

Im MicroPython-Programm (`buch-rpi-pico-kap6-oled.py`) werden nun wieder zuerst die notwendigen Bibliotheken geladen:

```
# Pico - OLED-Display
# Datei: buch-rpi-pico-kap6-oled.py

#Bibliotheken
from machine import Pin, I2C
from ssd1306 import SSD1306_I2C
import utime
```

Danach wird die I2C-Konfiguration vorbereitet. Die Busleitungen SDA und SCL werden den Pins GP8 und GP9 zugewiesen.

Der I2C-Bus bekommt die ID 0 und wird mit einer Frequenz von 100000 Hertz betrieben.

```
#Variablen/Objekte
sda=machine.Pin(8)
scl=machine.Pin(9)
i2c = machine.I2C(0, scl=scl, sda=sda, freq=100000)
```

Anschließend wird das OLED-Display konfiguriert. Dabei werden die Auflösung des Displays und der Kommunikationsbus angegeben.

```
oled = SSD1306_I2C(128, 32, i2c)
```

Im Hauptprogramm kann über die Methode `text(String, PosX, PosY)` ein String auf das Display geschrieben werden. Die beiden Zahlenparameter definieren die X- und die Y-Position auf dem Display. Mit zwei Werten 0 wird die Anfangsposition oben links (siehe Abbildung 6.8) gewählt.

Ein zweiter Text wird anschließend auf einer zweiten Zeile ausgegeben.

Mit `show()` werden die Daten auf das Display geschrieben.

```
#Hauptprogramm
while True:
    oled.text('Hello', 0, 0)
    oled.text('RPi Pico', 10, 12)
    oled.show()
    utime.sleep(1)
```

Nach einer Verzögerung von einer Sekunde beginnt die Ausgabe wieder am Anfang des Hauptprogramms.

6.4 Projekt: Wetterstation mit Umweltsensor DHT22

Die kleinen und kompakten OLED-Displays eignen sich ideal als Informations- und Statusanzeigen. In diesem Projekt wird eine kleine Wetterstation realisiert und die Raumtemperatur und die Luftfeuchtigkeit auf dem OLED-Display dargestellt.

Die Erfassung der Umweltdaten wird von einem speziellen Umweltsensor umgesetzt. Das Projekt verwendet einen Sensor mit der Typenbezeichnung DHT22.

In Abbildung 6.9 wird der Sensor DHT22 gezeigt.

Abb. 6.9: Umweltsensor DHT22

Dieser Sensor hat vier Anschlüsse und kann direkt auf ein Steckbrett montiert oder auf eine Leiterplatte gelötet werden.

Die Ansteuerung des DHT22-Sensors erfolgt über ein eigenes Protokoll. In Abbildung 6.10 ist der Stromlaufplan für die Ansteuerung des Sensors vom Pico dargestellt. Der Widerstand R1 dient als Pullup-Widerstand für die Ansteuerung. Der DHT22 wird vom Pico über den digitalen Ausgang GP2 angesteuert.

Der Anschluss NC am DHT22-Sensor hat keine Funktion und muss somit nicht angeschlossen werden.

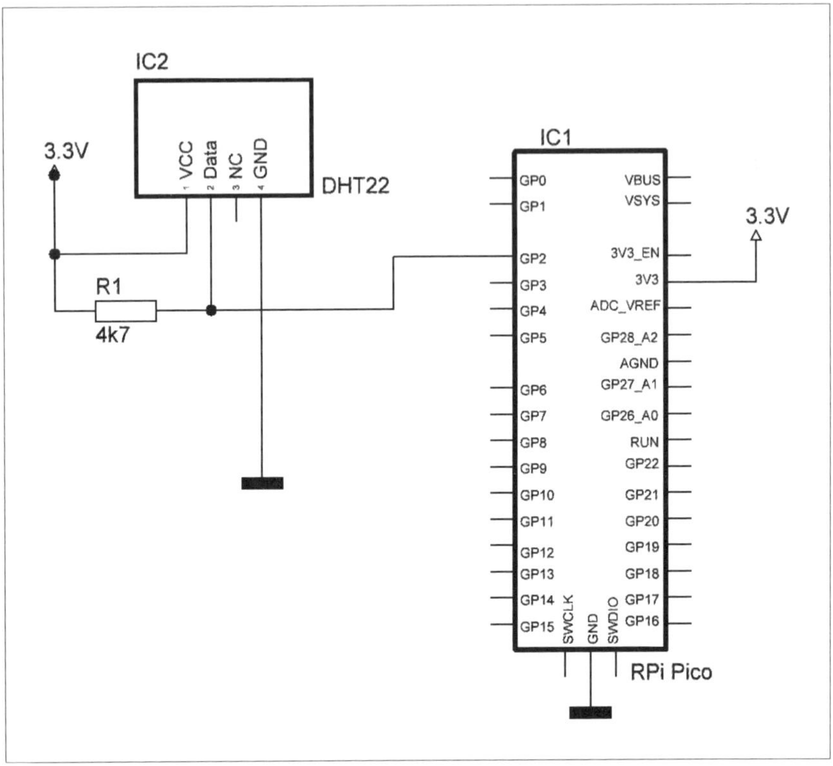

Abb. 6.10: DHT22 – Ansteuerung über Pico

Stückliste (Wetterstation mit DHT22)

- 1 Raspberry Pi Pico
- 1 Steckbrett
- 1 Sensor DHT22
- 1 Widerstand 4,7 kOhm (Gelb, Violett, Rot)
- 1 OLED-Display (beispielsweise 0,91 Zoll mit 128 x 32 Pixel)
- Jumper-Wires

Der Steckbrett-Aufbau der Wetterstation ist in Abbildung 6.11 dargestellt und basiert auf dem vorherigen OLED-Beispiel.

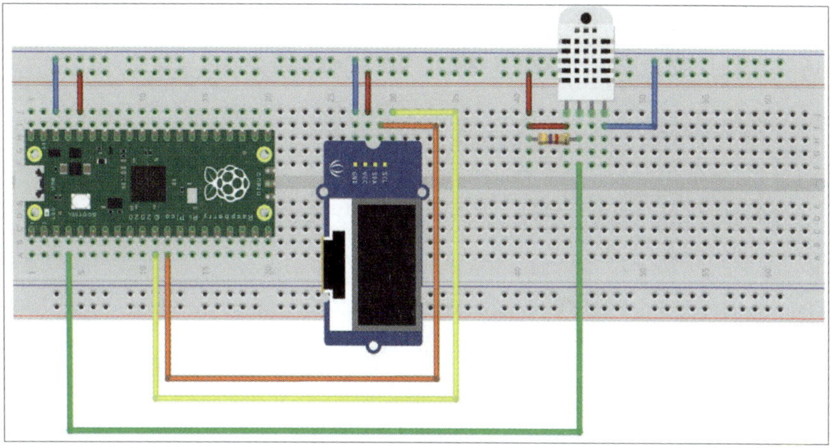

Abb. 6.11: Steckbrett-Aufbau: Wetterstation

Die Abfrage des DHT22-Sensors kann mit einer eigenen Bibliothek vereinfacht werden. In diesem Projekt wird die DHT-Bibliothek von folgender Adresse verwendet:

`https://github.com/JurassicPork/DHT_PyCom`

Die Bibliothek ist als Datei `dth.py` verfügbar und muss über die Entwicklungsumgebung auf den Pico geladen werden.

Im Programm (`buch-rpi-pico-kap6-dht22-oled.py`) wird die Bibliothek geladen:

```
from dht import DTH
```

Anschließend wird der DHT-Pin definiert und als offener Eingang `OPEN_DRAIN` konfiguriert. Die Bibliothek ermöglicht auch die Nutzung eines Sensors vom Typ DHT11. Über den Parameter `Sensortyp` kann der jeweilige Sensor gewählt werden – für den DHT22 muss der Wert 1 gesetzt werden.

```
gpio_dht = Pin(2, mode=Pin.OPEN_DRAIN)
# DHT(Pin, Sensortyp: 0=DHT11, 1=DHT22)
d = DTH(gpio_dht, 1)
```

Im Programm für die Wetterstation (`buch-rpi-pico-kap6-dht22-oled.py`) werden zuerst die nötigen Bibliotheken geladen:

```
# Pico - DHT-Sensor
# Datei: buch-rpi-pico-kap6-dht22-oled.py

#Bibliotheken
from machine import Pin
from dht import DTH
from ssd1306 import SSD1306_I2C
import utime
```

Danach werden der DHT-Sensor und die I2C-Kommunikation konfiguriert:

```
#Variablen/Objekte
gpio_dht = Pin(2, mode=Pin.OPEN_DRAIN)
# DHT(Pin, Sensortyp: 0=DHT11, 1=DHT22)
d =  DTH(gpio_dht, 1)
# I2C
sda=machine.Pin(8)
scl=machine.Pin(9)
i2c = machine.I2C(0, scl=scl, sda=sda, freq=100000)
# OLED
oled = SSD1306_I2C(128, 32, i2c)
```

Im Hauptprogramm wird der Sensor über die Methode `read()` abgefragt. Bei erfolgreicher Kommunikation werden die Messwerte für Temperatur und Luftfeuchtigkeit in die Variablen `temp` beziehungsweise `hum` geschrieben.

Über die Methode `oled.text()` erfolgt die Ausgabe auf das OLED-Display:

```
#Hauptprogramm
while True:
    sensor = d.read()
    if sensor.is_valid():
        temp=str(sensor.temperature/1.0)
        hum=str(sensor.humidity/1.0)
        oled.text('T:'+temp+' C', 0, 0)
        oled.text('H:'+hum+' %', 0, 10)
        oled.show()
        utime.sleep(2)
        oled.fill(0)
    else:
        oled.text('.....', 0, 0)
```

```
    oled.text('', 10, 10)
    oled.show()
    utime.sleep(2)
```

Nach zwei Sekunden Pause wird der Bildschirm gelöscht und ein neuer Messvorgang beginnt.

Falls der Sensor nicht angeschlossen oder ein Kommunikationsfehler aufgetreten ist, wird ein Ausgabetext »......« auf das Display geschrieben.

Für einen praktischen Einsatz verpackt man den Pico mit dem Sensor und dem Display in ein stabiles Gehäuse und platziert dieses an einer sichtbaren Position. So hat man auf einen Blick die Information über die Temperatur und die Luftfeuchtigkeit im Raum.

6.5 Projekt: Uhr mit OLED

Die kleinen OLED-Displays aus Kapitel 5 sind ideale und einfach anzuwendende Anzeigen für alle möglichen Einsatzgebiete.

Eine praktische Anwendung für den Arbeitsplatz, die Werkstatt oder das Wohnzimmer ist eine Uhr mit digitaler Anzeige.

Im technischen Umfeld wird die Uhr als Echtzeituhr, im Englischen als Real Time Clock (RTC) bezeichnet.

Uhr mit internem RTC

Für den Raspberry Pi Pico steht dazu in der Bibliothek *machine* von MicroPython eine entsprechende RTC-Klasse zur Verfügung.

Nach dem Laden der Bibliothek

```
#Bibliotheken
import machine
```

wird das RTC-Objekt initialisiert:

```
# RTC Initialisierung
rtc = machine.RTC()
```

Nun kann die Uhrzeit ausgegeben werden:

```
print(rtc.datetime())
```

In der Shell der Entwicklungsumgebung wird nun die Uhrzeit ausgegeben (Abbildung 6.12).

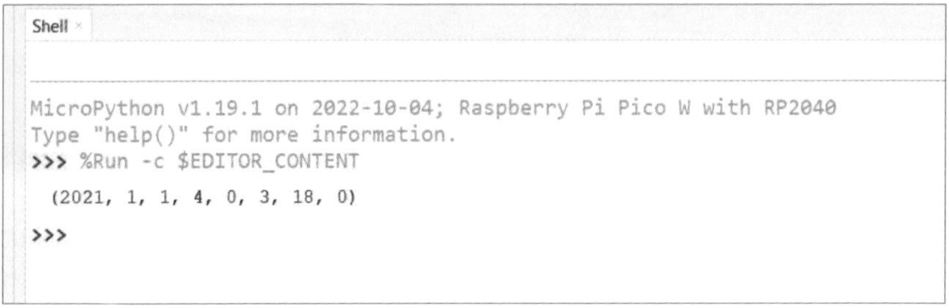

Abb. 6.12: RTC-Ausgabe Uhrzeit

Statt der erwarteten aktuellen Uhrzeit werden ein Datum und eine Uhrzeit beginnend mit dem Jahr 2021 ausgegeben. Die Ausgabe ist also nicht aktuell.

Die Lösung ist das einmalige Setzen des Datums und der Uhrzeit.

```
# Uhrzeit setzen
rtc.datetime((2022, 10, 05, 4, 10, 56, 0, 0))
```

Die einzelnen Parameter sind dabei

```
rtc.datetime((Jahr, Monat, Tag, Wochentag, Stunde, Minute,
Sekunde, Hundertstel Sekunde))
```

Nach Ausführen der erweiterten Programmzeilen erscheint in der Shell die aktuelle Uhrzeit (Abbildung 6.13).

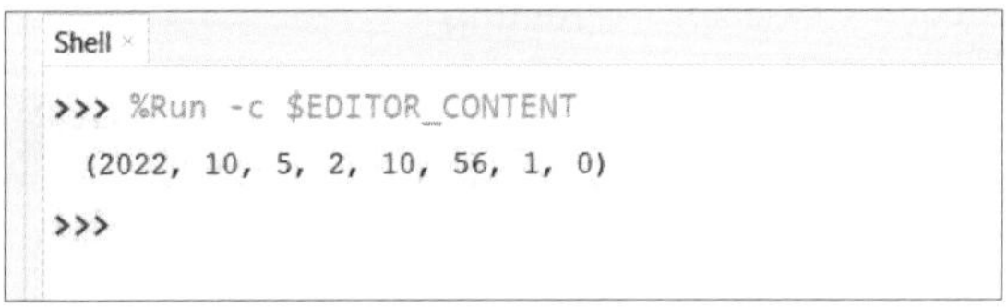

Abb. 6.13: RTC-Aktuelle Uhrzeit

Die Ausgabe der Uhrzeit in der Shell wird in diesem Fall nur einmalig ausgeführt.

Für die wiederholende Anzeige der Uhrzeit muss ein Programm mit Hauptschleife, also die bekannte Programmstruktur, ausgeführt werden (`buch2-rpi-picoW-kap6-rtc.py`).

```
# Pico/Pico W - interner RTC
# Datei: buch2-rpi-picoW-kap6-rtc.py

#Bibliotheken
import machine
import utime

# RTC Initialisierung
rtc = machine.RTC()

#Uhrzeit setzen
rtc.datetime((2022, 10, 05, 4, 10, 56, 0, 0))

#Loop
while True:
    print(rtc.datetime())
    utime.sleep(1)
```

Im Hauptprogramm-Loop wird nach der Ausgabe von Datum und Zeit eine Verzögerung einer Sekunde ausgeführt und anschließend erfolgt die nächste Zeitausgabe (Abbildung 6.14).

```
Shell
(2022, 10, 5, 2, 10, 56, 4, 0)
(2022, 10, 5, 2, 10, 56, 5, 0)
(2022, 10, 5, 2, 10, 56, 6, 0)
(2022, 10, 5, 2, 10, 56, 7, 0)
(2022, 10, 5, 2, 10, 56, 8, 0)
(2022, 10, 5, 2, 10, 56, 9, 0)
(2022, 10, 5, 2, 10, 56, 10, 0)
(2022, 10, 5, 2, 10, 56, 11, 0)
(2022, 10, 5, 2, 10, 56, 12, 0)
(2022, 10, 5, 2, 10, 56, 13, 0)
```

Abb. 6.14: RTC – Ausgabe Datum und Zeit

Diese Uhrenlösung mit der Nutzung des internen RTC ist zwar einfach, hat aber einen großen Nachteil. Wird die Stromversorgung des Pico ausgeschaltet, läuft die Uhr nicht mehr weiter. Nach einem Neustart startet das gesamte Programm wieder am Anfang und in der Initialisierung wird auch wieder die Uhrzeit gesetzt. Diese ist aber dann leider nicht mehr aktuell.

Uhr mit externem RTC-Modul

RTC-Module mit einer integrierten Batterie sind die Lösung für die Problematik aus dem vorherigen Beispiel. Im Elektronik-Handel gibt es viele Lösungen von RTC-Modulen. Diese Module sind meist mit einem RTC-Baustein vom Typ DS3231 ausgerüstet.

Das RTC-Modul *DS3231 Precision RTC* von Adafruit ist ein ideales Modul für unseren Anwendungsfall. In Abbildung 6.15 ist die kleine und kompakte Leiterplatte abgebildet.

Abb. 6.15: RTC-Modul DS3231 von Adafruit (Bild: Adafruit)

Das Modul ist im Adafruit-Shop oder bei vielen Elektronik-Händlern verfügbar:

`https://www.adafruit.com/product/5188`

Neben dem RTC-Baustein DS3231, der auf der Leiterplatten-Oberseite platziert ist, befindet sich auf der Unterseite ein Halter für eine Lithium-Batterie (Abbildung 6.16). Diese Batterie ermöglicht das Weiterbetreiben der Uhr, auch wenn das Modul an keine Spannungsversorgung angeschlossen ist. Die Uhrzeit ist somit auch nach einer Stromunterbrechung aktuell und muss nicht neu gestellt werden.

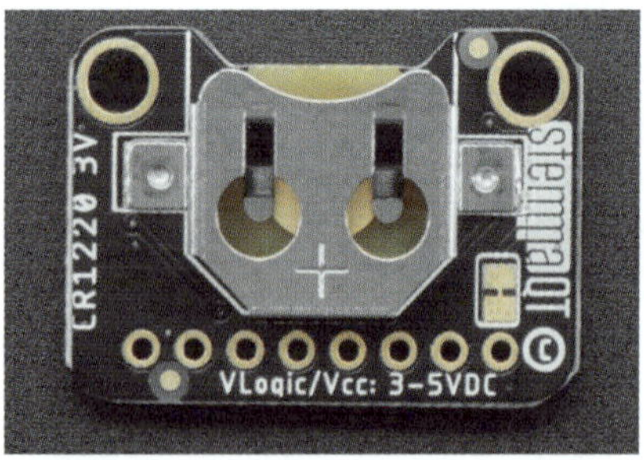

Abb. 6.16: RTC-Modul mit Batterie-Speicher

Die Ansteuerung des Uhren-Moduls erfolgt über die I2C-Schnittstelle und somit sind nur 4 Verbindungen, inklusive der Spannungsversorgung, notwendig.

Die Darstellung der Uhrzeit erfolgt auf einem kleinen OLED-Display. Das Display selber wird auch über die I2C-Schnittstelle angesteuert.

Stückliste Uhr mit OLED

- 1 Raspberry Pi Pico
- 1 Steckbrett
- 1 RTC-Modul DS3231 (beispielsweise Adafruit)
- 1 OLED-Display (beispielsweise 0,91 Zoll mit 128 x 32 Pixel)
- Jumper-Wires

In Abbildung 6.17 ist der Steckbrett-Aufbau dargestellt.

Abb. 6.17: Steckbrettaufbau Uhr mit OLED

Die Ansteuerung und Abfrage des Uhrenmoduls über I2C erfolgt mittels einer Bibliothek.

Für dieses Beispiel wurde die Bibliothek *DS3231.py* von folgender Adresse verwendet:

`https://www.elektronik-kompendium.de/sites/raspberry-pi/code/ds3231.py`

Die Bibliothek ist eine einzelne Datei und muss über die Entwicklungsumgebung auf den Pico geladen werden.

Im Programm (buch2-rpi-pico-kap6-rtc-ds3231.py) werden die notwendigen Bibliotheken geladen.

```
import ds3231
import utime
```

Nun wird das Uhren-Objekt für die Kommunikation über I2C initialisiert. Dabei werden die verwendeten Pins der I2C-Schnittstelle angegeben.

Das Lesen der Uhr (Datum und Zeit) erfolgt mit anschließender Ausgabe.

```
rtc_time = rtc.ReadTime('DIN-1355-1+time')
print(rtc_time)
```

Die Übergabe des Parameters 'DIN-1355-1+time' ergibt eine Ausgabe von Datum und Uhrzeit in der Form:

```
Tag:Monat:Jahr Stunde:Minute
```

Beim ersten Ausführen des Programms muss die Uhrzeit einmal gestellt werden. Dazu muss die Zeile rtc.SetTime(..) ausführbar sein, also ohne #.

```
# Zeit setzen: Sekunde / Minute / Stunde / Wochentag / Tag /
Monat / Jahr
rtc.SetTime(b'\x00\x34\x17\x04\x12\x10\x22')
```

In der Anweisung werden Sekunden, Minuten, Stunde, Wochentag als Zahl, Tag, Monat und Jahr eingetragen.

Nach dem ersten Ausführen kann diese Codezeile wieder auskommentiert und nochmals ausgeführt werden.

Im Hauptprogramm wird nun im Sekundentakt eine Ausgabe von Datum und Zeit ausgeführt.

```
while True:
    rtc_time = rtc.ReadTime('DIN-1355-1+time')
    print(rtc_time)
    utime.sleep(1)
```

Die Ausgabe erfolgt dabei in der Shell der Entwicklungsumgebung (Abbildung 6.18).

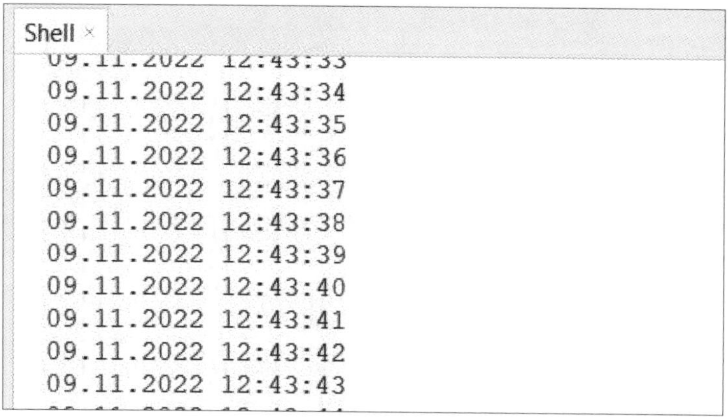

Abb. 6.18: Uhrzeit ausgeben in der Shell

Batterie-Speicher

Dank der Speicher-Batterie auf dem RTC-Modul kann die Versorgungsspannung entfernt werden. Nach dem Wiedereinschalten liefert das Modul weiterhin die aktuelle Uhrzeit.

Anzeige auf OLED

Für eine nützliche Uhr ohne angeschlossenen Rechner fehlt noch die Anzeige. Ideal dazu ist ein OLED-Display, das in Abschnitt 6.3 beschrieben wurde.

Die Verdrahtung des Displays ist bereits in Abbildung 6.19 dargestellt.

Das Programm für die Uhr (`buch2-rpi-pico-kap6-uhr-oled.py`) basiert auf dem vorherigen Beispiel und wird durch die Programmteile für die OLED-Ansteuerung erweitert.

Im ersten Schritt werden wieder die notwendigen Bibliotheken geladen. Für das OLED-Display ist das die Bibliothek `ssd1306`.

```
#Bibliotheken
import ds3231
from ssd1306 import SSD1306_I2C
import utime
```

Dann wird die I2C-Schnittstelle initialisiert. Wie gewohnt wird der Standard-Bus an Pin 8 und 9 verwendet.

```
# I2C
sda=machine.Pin(8)
scl=machine.Pin(9)
i2c = machine.I2C(0, scl=scl, sda=sda, freq=100000)
```

Anschließend werden das OLED-Display und der Uhrenbaustein initialisiert. Das Setzen der Uhrzeit ist im Beispiel auskommentiert und kann bei Bedarf aktiviert werden.

```
# OLED
oled = SSD1306_I2C(128, 32, i2c)

# Initialisierung
rtc = ds3231.RTC(sda_pin=8, scl_pin=9)

# Zeit lesen und ausgeben
rtc_time = rtc.ReadTime('DIN-1355-1+time')
print(rtc_time)

# Zeit setzen: Sekunde / Minute / Stunde / Wochentag / Tag /
Monat / Jahr
#rtc.SetTime(b'\x00\x34\x17\x04\x12\x10\x22')
```

Im Hauptprogramm wird die Uhrzeit in der Variablen `time` gespeichert und anschließend am Display ausgegeben. Wie bereits in Abschnitt 6.3 über die Ansteuerung von OLED-Displays beschrieben, wird für die Ausgabe die Methode `text(string, xPos, yPos)` verwendet.

```
while True:
    rtc_uhr = rtc.ReadTime('time')
    oled.text(rtc_uhr, 10, 20)
    oled.show()
    utime.sleep(1)
    oled.fill(0)
```

Je nach Bedarf kann die Ausgabe der Uhrzeit mit dem Datum ergänzt werden.

Wird die Anzeige mit dem RTC-Modul und dem Pico in ein kleines Gehäuse verpackt, hat man eine kleine nützliche Uhr für den Schreibtisch.

Kapitel 7
Schnittstellen

Über eine Schnittstelle kann ein Microcontroller-Board wie der Pico mit der Umwelt und den angeschlossenen Komponenten kommunizieren. Beim Kommunizieren müssen beide Teilnehmer die gleiche Sprache sprechen. Dies wird mittels des Protokolls geregelt.

Der Pico bietet standardmäßig mehrere Kommunikationsschnittstellen. In diesem Kapitel werden die serielle Schnittstelle (UART) und der I2C-Bus vorgestellt.

7.1 UART

Die serielle Schnittstelle oder UART (Universal Asynchronous Receiver-Transmitter) ermöglicht eine asynchrone, serielle Kommunikation mit konfigurierbarem Datenformat und Übertragungsgeschwindigkeit.

Bei Einsatz des UART müssen die Signallevel beachtet werden. Die auch von früheren PCs bekannte serielle Schnittstelle RS-232 arbeitet mit einem 12-V-Level, die RS-485-Schnittstelle dagegen mit 5-V-Pegeln.

Auf dem Pico sind die Signal-Level bekannterweise 3,3 V.

Die UART-Schnittstelle arbeitet mit einer Sende- und einer Empfangsleitung. Diese sind in technischen Darstellungen meist als TX respektive RX bezeichnet.

Im Pinout des Pico (Abbildung 7.1) sind die Pins für die serielle Schnittstelle dargestellt. Technisch sind zwei UARTs verfügbar, die auf einzelne Pins geführt sind.

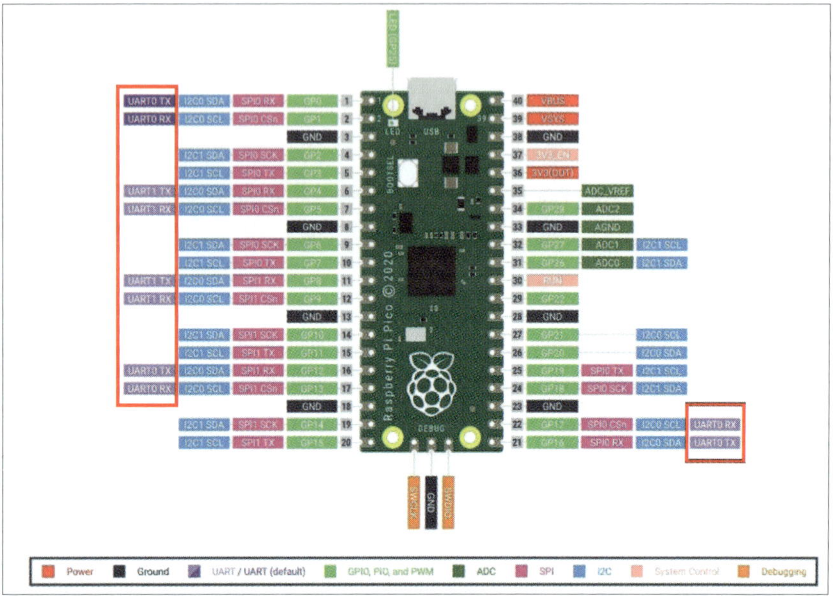

Abb. 7.1: UART am Pico (rot markiert)

Zusätzlich ist auf dem Pico ein UART auf den USB-Stecker geführt. Damit kann ein angeschlossener Rechner den Pico programmieren oder mit ihm Daten austauschen.

Wie Sie aus der Anschlussbelegung erkennen können, sind beide UARTs (`UART0` und `UART1`) mehrfach vorhanden. Die Datenleitungen RX und TX von `UART0` beispielsweise sind an den Pins GP0/GP1, GP12/GP13 und GP16/GP17 verfügbar. Die Pins mit den gleichen UART-Bezeichnungen können also nicht gleichzeitig verwendet werden.

Der UART auf dem Pico *kann* zum Datenaustausch mit einem externen GPS-Modul, seriellen LC-Display oder einem anderen Microcontroller eingesetzt werden.

7.1.1 Praxisbeispiel: Datenaustausch mit Arduino

Das folgende Beispiel zeigt den Datenaustausch zwischen dem Pico und einem Microcontroller-Board. In diesem Fall wird der weitverbreitete Arduino Uno als Empfangs-Board verwendet.

Stückliste (Serieller Datenaustausch)

- 1 Raspberry Pi Pico
- 1 Arduino Uno
- 1 Steckbrett
- 1 Level-Shifter
- Jumper-Wires

In Abbildung 7.2 ist der Schaltungsaufbau für den Datenaustausch über die serielle Schnittstelle zwischen dem Pico und einem Arduino-Board dargestellt.

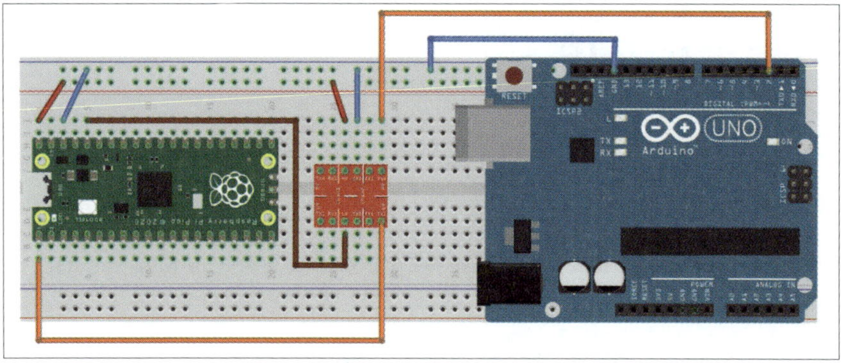

Abb. 7.2: Steckbrett-Aufbau: serieller Datenaustausch

Der Pico ist in diesem Beispiel der Sender (Anschluss TX) der Nachricht, die über die serielle Schnittstelle zum Arduino (Anschluss RX) übertragen wird. Im Steckbrett-Aufbau wird zwischen den Pico und das Arduino-Board wieder ein Level-Shifter platziert, um die Signalpegel zwischen dem Pico (3,3-V-Logik) und dem Arduino (5-V-Logik) sauber zu trennen. Der Pegelwandler wurde bereits in Kapitel 6 eingesetzt und beschrieben.

Für die Verwendung des UART muss eine Bibliothek geladen werden:

```
from machine import UART
```

In der Konfiguration müssen die ID des UART und die Übertragungsgeschwindigkeit angegeben werden. Im Beispiel wird der UART0 mit 9600 Baud (Bits pro Sekunde) betrieben.

```
uart0 = UART(0,9600)
```

Je nach Anwendungsfall können noch weitere Parameter für den UART angegeben werden (Anzahl Bits, Parität und Stop-Bit).

```
#uart0 = machine.UART(id=0,baudrate=9600,bits=8,parity=None,
stop=1)
```

Im Programm für den Datenaustausch (`buch-rpi-pico-kap7-uart.py`) werden die Bibliotheken geladen und der UART konfiguriert.

```
# Raspberry Pi Pico - UART
# Datei: buch-rpi-pico-kap7-uart.py

# Bibliothek
from machine import UART
import utime

# Variablen/Objekte
uart0 = UART(0,9600)
```

Im Hauptprogramm wird ein Textstring mit der Schreibmethode `write()` geschrieben. Am Ende des Textstrings schließt ein Zeilenumbruch (`\n`) die Übertragung ab. Nach einer Pause von zehn Sekunden erfolgt der nächste Sendevorgang.

```
# Hauptprogramm
while True:
    uart0.write('Daten von Pico\n')
    utime.sleep(10)
```

Neben einem Text können auch Zahlenwerte, beispielsweise ein Temperaturwert, übertragen werden. Dazu muss der Zahlenwert in einen String umgewandelt werden. Der Zahlenwert in der Variablen `TempRaum` wird dazu mit der String-Anweisung `str(Wert)` umgewandelt und in der Variablen `strTempRaum` gespeichert. Die Stringvariable wird dann wie gewohnt auf die serielle Schnittstelle geschrieben.

```
TempRaum=23.55
strTempRaum=str(TempRaum)
uart0.write(strTempRaum)
```

Auf dem Arduino-Board, das die seriellen Daten empfangen wird, läuft ein Arduino-Programm (buch-rpi-pico-kap7-serial-empfang.ino). Das Programm in C/C++ wird via USB-Kabel auf den Arduino geladen.

Auf dem Arduino wird mittels der Bibliothek SoftwareSerial.h eine softwaremäßige Schnittstelle für die Datenkommunikation verwendet. Es werden dazu die beiden Pins 2 (RX) und 3 (TX) definiert.

```
// RPi Pico - Daten empfangen
// Datei: buch-rpi-pico-kap7-serial-empfang.ino

#include <SoftwareSerial.h>

// UART RX, TX
SoftwareSerial PicoSerial(2, 3);
String Datastring;
char serChar;
```

In der Setup-Routine werden die Standardschnittstelle (Serial) für die Ausgabe sowie die Datenschnittstelle (PicoSerial) gestartet.

```
void setup()
{
  Serial.begin(9600);
  Serial.println("Daten empfangen...");
  Serial.println("-----------------");
  PicoSerial.begin(9600);
}
```

Im Hauptprogramm wird nun laufend geprüft, ob Daten im Empfangspuffer größer als 0 sind. Wenn ja, wurden Daten empfangen.

Diese werden nun eingelesen und in der Variablen serChar zwischengespeichert.

Da meist mehrere Zeichen nacheinander empfangen werden, werden diese mit der Methode concat() zusammengefügt und in Datenstring gespeichert.

Falls ein Zeichen »\n« empfangen wird, ist das das Zeichen, dass die Übertragung vollständig ist. Der gesamte Datenempfang im Datenstring kann ausgegeben werden.

```
void loop()
{
  if (PicoSerial.available() > 0)
  {
    serChar=PicoSerial.read();
    Datastring.concat(serChar);
    if(serChar == '\n')
    {
      Serial.print(Datastring);
    }
  }
}
```

Im seriellen Monitor des Arduino-Boards kann der Datenempfang vom Pico überwacht werden (Abbildung 7.3).

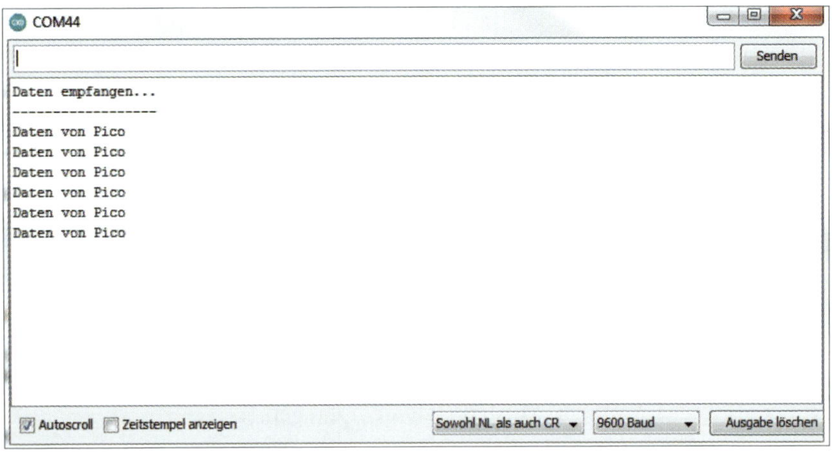

Abb. 7.3: Arduino – Datenempfang vom Pico

7.2 I2C

Der I2C-Bus ist ein serieller Bus und wurde vor rund 40 Jahren von der Firma Philips entwickelt. Der I2C-Bus ermöglicht die einfache Kommunikation von Microcontrollern, Sensoren, Schaltkreisen und vielen weiteren Komponenten.

Der I2C-Bus wurde als Master/Slave-System entwickelt. Der Master im Bus kommuniziert dabei mit den im Bussystem angeschlossenen Slave-Modulen.

In Abbildung 7.4 ist der prinzipielle Aufbau eines I2C-Bussystems dargestellt.

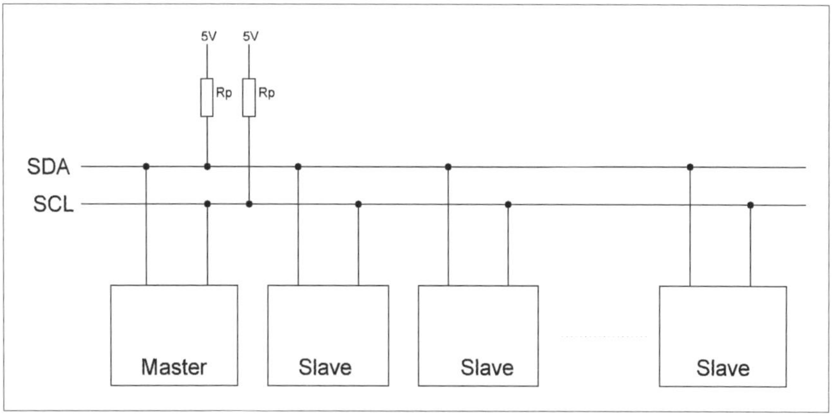

Abb. 7.4: Aufbau I2C-Bus

Beide Module, Master und Slave, sind über die Busleitungen SDA (Serial Data Line) und SCL (Serial Clock Line) miteinander verbunden. Die beiden Widerstände Rp, die gegengeschaltet sind (Pullup), ziehen beide Busleitungen auf HIGH, falls auf dem Bus keine Kommunikation stattfindet.

Jeder Busteilnehmer ist im I2C-Bus über eine eigene Busadresse ansprechbar.

Auf dem I2C-Bus wird im Standard-Mode mit 100 Kilobit pro Sekunde kommuniziert. Optional können auch Übertragungsgeschwindigkeit 400 Kilobit pro Sekunde (Fast Mode) oder 1000 Kilobit pro Sekunde (Fast Mode Plus) genutzt werden.

7.2.1 I2C-Bus auf dem Pico

Der Pico hat zwei I2C-Busse, die mit `I2C0` und `I2C1` bezeichnet sind. Im Pinout aus Abbildung 7.5 sind die Pins für den I2C-Bus in Blau dargestellt. Zu jedem Bus sind jeweils ein Daten-Pin (SDA) und ein Takt-Pin (SCL) vorhanden.

Wie Sie aus der Anschlussbelegung erkennen können, sind beide Busse mehrfach vorhanden. Die Datenleitung SDA vom Bus `I2C0` ist an GP0, GP4 und weiteren Pins verfügbar. Die Pins mit den gleichen I2C-Bus-Bezeichnungen können also nicht gleichzeitig verwendet werden.

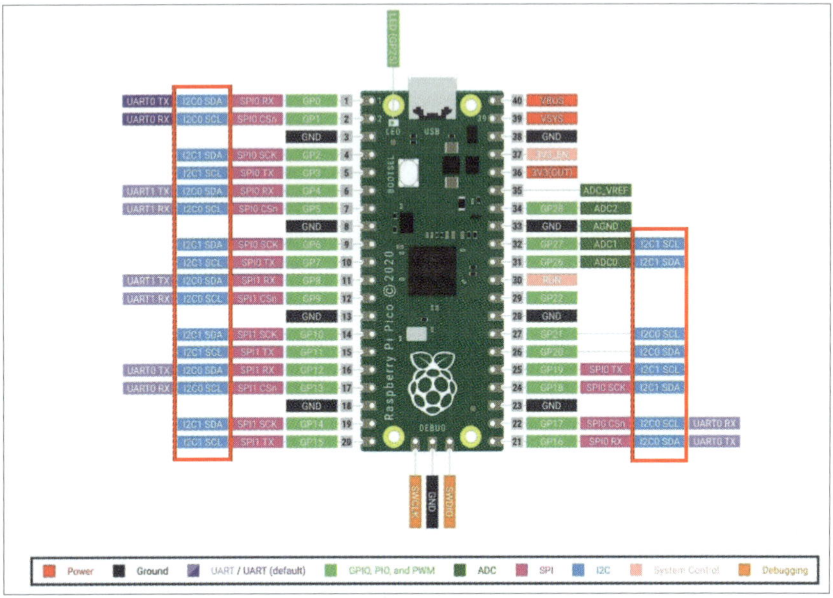

Abb. 7.5: I2C-Bus am Pico (rot markiert)

7.2.2 Definition I2C mit MicroPython

Für die Verwendung der I2C-Kommunikation muss im MicroPython-Programm des Pico die entsprechende Bibliothek geladen werden.

Die I2C-Funktionalität wird über die Standard-Bibliothek `machine` geladen. In den meisten Fällen wird auch die Pin-Funktion gleichzeitig mitgeladen.

```
# Bibliothek
from machine import Pin, I2C
```

Der Bus wird nun durch Angabe der Bus-ID vorbereitet. Ohne Angabe von weiteren Parametern werden die Bus-Pins GP8 (SDA) und GP9 (SCL) und die Übertragungsgeschwindigkeit von 400000 B/s verwendet.

```
i2c = I2C(0)
```

Meist werden aber die Parameter bei der Konfiguration angegeben.

```
i2c = I2C(0, scl=Pin(9), sda=Pin(8), freq=400000)
```

Im weiteren Programm stehen anschließend verschiedene Methoden der I2C-Bibliothek zur Verfügung (Tabelle 7.1).

Befehl	Beschreibung
`i2c.scan`	Ausgabe der Slave-Adressen
`i2c.writeto(Adresse, Daten)`	Daten schreiben an Zieladresse
`i2c.readfrom(Adresse, Menge Daten)`	Daten lesen von Adresse

Tab. 7.1: I2C-Bus: Methoden in MicroPython

In der Praxis sind die I2C-Methoden meist in der jeweiligen Bibliothek für das Modul eingesetzt. In der Busabfrage eines I2C-Moduls oder -Bausteins wird dann eine eigene Methode genutzt, um direkt Daten an den Slave zu senden oder Daten zu empfangen. Ein praktisches Beispiel ist das weiter unten beschriebene Projekt des Lichtmessers.

7.2.3 I2C-Scanner

Wie bereits beschrieben, werden die Slave-Module im I2C-Bus über die Busadresse abgefragt. Beim Einsatz eines I2C-Bausteins oder -Moduls muss deren Busadresse bekannt sein. In der Dokumentation des verwendeten Busteilnehmers sollte die Busadresse beschrieben sein.

Falls man die Adresse von einem I2C-Busteilnehmer nicht kennt, kann mit einem kleinen Scanner-Programm der Bus abgefragt werden (`buch-rpi-pico-kap7-i2c-scan.py`):

```
# RPi Pico - I2C Scanner
# Datei: buch-rpi-pico-kap7-i2c-scan.py

import uos
import machine

print(uos.uname())
print("Freq: "  + str(machine.freq()) + " Hz")

i2c = machine.I2C(0)
print(i2c)

print("Available i2c devices: "+ str(i2c.scan()))
```

Nach Ausführen des Scanners werden die vorhandenen Module mit der Busadresse sowie weiteren Informationen aufgelistet.

Abbildung 7.6 zeigt das Resultat einer Busabfrage – im Bus ist ein Slave an den Bus-Pins 8 und 9 angeschlossen, der die Busadresse 35 (dezimal) besitzt.

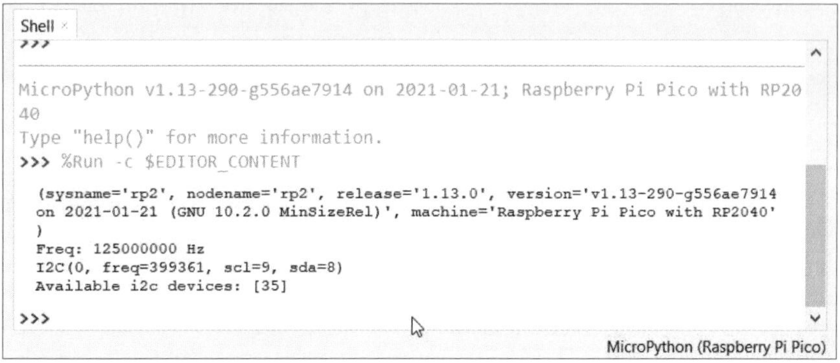

Abb. 7.6: I2C-Scanner – Busadressen

Weiter wird in der Busabfrage die Übertragungsgeschwindigkeit von 400 kB/s angegeben. Die Frequenz von 125000000 Hz ist die Taktfrequenz des angeschlossenen Raspberry Pi Pico.

Die I2C-Busadresse wird in vielen MicroPython-Programmen als hexadezimale Zahl verwendet. Die dezimale Busadresse muss somit mittels Taschenrechner umgewandelt werden.

7.3 Praxisbeispiel: Lichtmesser mit BH1750

Viele Sensoren oder Erweiterungsboards mit Sensoren können über den I2C-Bus angesteuert werden. Ein Sensor aus dieser Gruppe ist der Lichtsensor BH1750. Dieser Sensor kann als Lichtmesser eingesetzt werden und sendet als Messwert einen Absolutwert in Lux.

Der kleine Sensor ist für den einfachen Anwendungsfall bereits auf eine kleine Platine (Breakout-Board) gelötet und mit Anschluss-Pins versehen. In Abbildung 7.7 sehen Sie das Sensorboard.

Stückliste (Lichtmesser)

- 1 Raspberry Pi Pico
- 1 Steckbrett

- 1 Sensor BH1750 auf Erweiterungsplatine
- Jumper-Wires

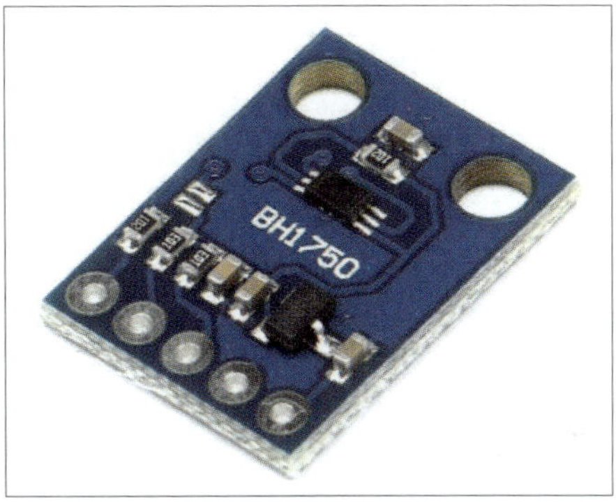

Abb. 7.7: BH1750-Sensorboard (Quelle: aliexpress.com)

Die Anwendung des Lichtmessers benötigt keine externen Bauteile. Entsprechend ist die Verdrahtung des Sensors mit dem Pico recht einfach. In Abbildung 7.8 ist der Steckbrett-Aufbau für den Lichtmesser dargestellt.

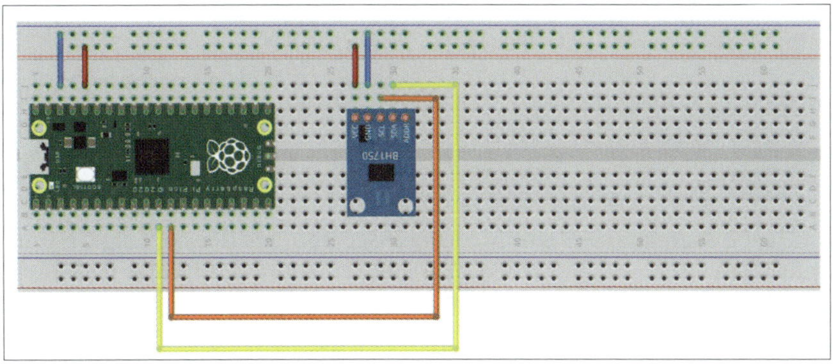

Abb. 7.8: Steckbrett-Aufbau: Lichtmesser mit BH1750

Die kleine Platine mit dem Sensor hat fünf Anschlüsse. Im Steckbrett-Aufbau werden aber nur vier Leitungen verwendet. Der Anschluss ADDR ist ein separater Eingang, über den die I2C-Adresse des Sensors umgeschaltet werden kann.

Bei unbeschaltetem Eingang arbeitet der Sensor mit der Standard-Adresse 35 (Dezimal, als HEX 0x23). Wird der Eingang mit einem HIGH-Signal angesteuert, arbeitet der Sensor mit der Adresse 92 (dezimal, als HEX 0x5C).

Die Ansteuerung des BH1750 erfordert eine Bibliothek. Diese kann als Datei bh1750.py in die Entwicklungsumgebung geladen und dann auf dem Pico gespeichert werden.

Im Programm (buch-rpi-pico-kap7-bh1750.py) werden die notwendigen Bibliotheken geladen:

```
# Pico - I2C mit BH1750
# Datei: buch-rpi-pico-kap7-bh1750.py

# Bibliothek
from machine import Pin, I2C
from bh1750 import BH1750
import utime
```

Der Sensor wird über die I2C-Signalleitungen an den Pins GP8 und GP9 angesteuert und mit einer Übertragungsgeschwindigkeit von 100 Kilobit pro Sekunde betrieben.

```
# I2C
sda=machine.Pin(8)
scl=machine.Pin(9)
i2c = I2C(0, scl=scl, sda=sda, freq=100000)
```

Anschließend wird ein Sensor-Objekt bereitgestellt:

```
#Sensor
s = BH1750(i2c)
```

Im Hauptprogramm wird eine Messung ausgeführt und der empfangene Wert in der Variablen lux gespeichert. Anschließend wird der Lichtwert noch in eine ganzzahlige Zahl umgewandelt. Danach erfolgt die Ausgabe des Lichtwerts in Lux auf die Shell. Nach zwei Sekunden Verzögerung beginnt der nächste Messvorgang.

```
# Hauptprogramm
while True:
    lux=s.luminance(BH1750.ONCE_HIRES_1)
    luxInt=int(lux)
    print(luxInt)
    utime.sleep(2)
```

Je nach Wunsch kann der Messwert auf ein Display ausgegeben werden.

7.4 WiFi mit Pico W

Mit dem Raspberry Pi Pico W, das W in der Typenbezeichnung ist ein Hinweis, bringt die Raspberry Pi Foundation nun endlich ein Pico mit WLAN-Funktionalität auf den Markt. Viele Anwender, Bastler und Maker haben die Wireless-Funktion schon lange erwartet.

Endlich stehen dem Pico-Anwender die Welt des Internets und der Anwendungsbereich von webbasierten Anwendungen für Internet of Things, Hausautomation und für drahtlose Sensoranwendungen offen.

Der Umweg über zusätzliche WLAN-Module wie ESP8266, um eine drahtlose Anwendung zu realisieren, ist nun nicht mehr notwendig.

7.4.1 WLAN-Controller

Die Raspberry Pi Foundation hat sich für den WLAN-Adapter einen Baustein von Infineon ausgesucht. Der Typ hat die Bezeichnung CYW43439.

Auf der Leiterplatte des Pico W ist dieser Baustein als silbriges Metallgehäuse sichtbar (Abbildung 7.9).

Abb. 7.9: WLAN-Modul CYW43439 (Bild Raspberry Pi Foundation)

Der Baustein CYW43439 liefert WLAN-Funktionalität gemäß Standard 802.11n. Zusätzlich ist im Modul Bluetooth 5.2 integriert. Bluetooth wird aber zum aktuellen Zeitpunkt (März 2023) noch nicht von der MicroPython-Firmware unterstützt.

Neben dem WLAN-Modul wurde auf der Leiterplatte des Raspberry Pi Pico W eine Onboard-Antenne ergänzt. Diese befindet sich am Rand der Leiterplatte zwischen den beiden Montage-Bohrungen.

Durch die zusätzliche WLAN-Funktionalität musste der bisher am Rand platzierte, dreipolige Debug-Anschluss (Serial Wire Debug, abgekürzt SWD) nach innen verschoben werden. Anwender, die diesen Anschluss auf eine externe Leiterplatte geführt haben, müssen dies bei Anwendungen mit dem Pico W beachten.

Zusätzlich ist zu beachten, dass verschiedene digitale Pins des RP2040-Microcontrollers nun für die Ansteuerung des WLAN-Chips notwendig sein. Die größte Auswirkung für den Anwender hat dies bei der Onboard-Leuchtdiode (siehe den Hinweis dazu in Kapitel 3 in Tabelle 3.1).

7.4.2 Bibliothek network

Die Firmware für den Raspberry Pi Pico W ist bereits mit der notwendigen MicroPython-Bibliothek *network* ausgerüstet. Für WLAN-Anwendungen ist somit alles vorbereitet und der Anwender kann ohne weitere Modul-Installation mit WiFi-Anwendungen starten.

Die Details zur Bibliothek *network* findet man unter:

`https://docs.micropython.org/en/latest/esp8266/tutorial/network_basics.html`

In einer WiFi-Anwendung wird im ersten Schritt die notwendige Bibliothek geladen.

```
import network
```

Anschließend wird die Art der WLAN-Verbindung definiert. Diese kann als Station oder als Access-Point konfiguriert werden.

```
#Station
wlan = network.WLAN(network.STA_IF)
#Access Point
wlan = network.WLAN(network.AP_IF)
```

Eine Anwendung mit der Verbindungsart *Station* verbindet sich immer mit einem Router. Diese Art wird meistens verwendet, wenn man drahtlose Sensoren oder kleine Webserver mit einem Pico W realisiert.

Die Verbindungsart *Access Point* baut einen WLAN-Access-Point auf, der dann auf einem externen Rechner oder Smartphone als solcher aufgelistet wird. Anwendungen mit Access Points verwendet man oft, wenn man eine drahtlose Anwendung konfigurieren muss. Dabei verbindet man sich mit diesem Access Point und ruft dann die Start-Seite, meistens über die Eingabe der IP-Adresse, auf. Danach kann man die Webanwendung konfigurieren. Oft steht dann auch die Option zur Verbindung mit dem eigenen WLAN zur Verfügung.

In den nachfolgenden Anwendungen wird in diesem Buch immer die Verbindungsart *Station* verwendet.

Nun wird im Programm-Code die WiFi-Verbindung aktiviert:

```
wlan.active(True)
```

Danach kann sich die Anwendung durch Eingabe der SSID und des Passworts mit dem WiFi-Netzwerk verbinden.

```
wlan.connect('Deine SSID', 'Dein Passwort')
```

Nach der Prüfung der drahtlosen Verbindung und des Status

```
while not wlan.isconnected() and wlan.status() >= 0:
    print("Verbinden...")
```

beginnt dann jeweils die eigentliche Hauptfunktion des jeweiligen Programms.

7.4.3 Webclient

Ein Raspberry Pi Pico W mit WLAN-Funktion wird in einer Anwendung als Webclient bezeichnet, wenn der Pico Anfragen (Requests) an einen Webserver sendet.

Der Pico kann in diesem Fall als Sensor-Modul arbeiten und in regelmäßigen Abständen Sensordaten- oder -zustände an eine Webanwendung auf einem Webserver im Intranet oder Internet senden.

Die Datenübertragung erfolgt in Form eines URL-Aufrufs mit zusätzlichen Parametern. Die dabei übermittelten Parameter sind beispielsweise Daten von einem Sensor sowie weitere notwendige Parameter wie ID usw.

Die externe Webanwendung, die den Webrequest des Pico empfangen hat, liest anschließend die Daten ein und verarbeitet diese weiter. Bei der Weiterverarbeitung werden die Daten in einer Datenbank gespeichert.

Ein Webrequest von einem Pico als Webclient kann mit Parametern so aussehen:

`https://meinwebserver.com/sensor.php?sid=1234&p1=45.44&p2=3456`

In diesem Beispiel werden vom Pico die ID (`sid`) und zwei Parameter mit Werten (`p1`, `p2`) gesendet.

Auf dem externen Webserver werden die gesendeten Daten von einer PHP-Datei `sensor.php` verarbeitet. Die Ausführung der PHP-Datei erfolgt auf dem Webserver. Der Aufrufer kann die Verarbeitung nicht beeinflussen, auch kann der Programmcode nicht eingesehen werden, da die Skript-Datei serverseitig ausgeführt wird.

Stückliste (Webclient)

- 1 Raspberry Pi Pico W

Im Beispiel eines einfachen Webclients (`buch2-rpi-pico-kap7-webclient.py`) werden zuerst die notwendigen Bibliotheken geladen.

```
# RPi Pico - Webclient
# Datei: buch2-rpi-pico-kap7-webclient.py

#Bibliotheken
import network
import urequests
import utime
```

Nun wird die WLAN-Verbindung zum WLAN-Router vorbereitet.

```
#WLAN
wlan = network.WLAN(network.STA_IF)
wlan.active(True)
wlan.connect('MeinWLan','MeinPasswort')
```

Nach der Übergabe der Zugangsdaten erfolgt der Verbindungsaufbau, der durch eine Meldung in der Shell angezeigt wird.

```
while not wlan.isconnected() and wlan.status() >= 0:
    print("Verbinden...")
    utime.sleep(1)
```

Anschlieend wird der WLAN-Status ausgegeben.

```
wstat=wlan.status()
print(wstat)
```

Jetzt wird der Webaufruf ausgeführt. Dabei wird eine XML-Datei auf dem Webserver aufgerufen.

```
#Webaufruf
response = urequests.get("https://555circuitslab.com/files/
buch-rpi-pico.xml")
print(response.content)
response.close()
```

Die Response, also die Rückantwort des Webservers, wird auf die Shell ausgegeben und dann die Verbindung geschlossen.

In der Shell wird zuerst der WLAN-Status ausgegeben (Abbildung 7.10). Der Wert 3 bedeutet, dass der Verbindungsaufbau erfolgreich war und eine IP-Adresse vom Router empfangen wurde.

Anschließend wird die XML-Antwort der angefragten Datei angezeigt.

```
Shell
>>> %Run -c $EDITOR_CONTENT
 3
 b'<?xml version="1.0"?>\r\n<buch>\r\n    <titel>Buch Raspberry Pi Pi
 co - Schnelleinstieg</titel>\r\n    <verlag>mitp Verlag</verlag>\r\n
 </buch>\r\n'
>>>
```

Abb. 7.10: Webclient: Response vom Webserver

Dieses Beispiel führt den Webaufruf einmalig aus. In der Praxis wird aber ein Webclient, der Sensor-Daten an eine Webanwendung sendet, meist regelmäßig ausgeführt. Sensor-Werte werden dann beispielsweise alle 30 Sekunden übermittelt.

Das leicht angepasste Skript (`buch2-rpi-pico-kap7-webclient2.py`) führt den Webrequest alle 2 Sekunden innerhalb des Hauptprogramms aus.

```
# RPi Pico - Webclient
# Datei: buch2-rpi-pico-kap7-webclient2.py

#Bibliotheken
import network
```

```
import urequests
import utime

wlan = network.WLAN(network.STA_IF)
wlan.active(True)
wlan.connect('MeinWLan','MeinPasswort')

while not wlan.isconnected() and wlan.status() >= 0:
    print("Verbinden...")
    utime.sleep(1)

wstat=wlan.status()
print(wstat)

#Loop
while True:
        response = urequests.get("https://555circuitslab.
com/files/buch-rpi-pico.xml")
        print(response.content)
        response.close()
        utime.sleep(2)
```

In der Shell der Entwicklungsumgebung wird dann die Antwort vom Webserver laufend dargestellt (Abbildung 7.11).

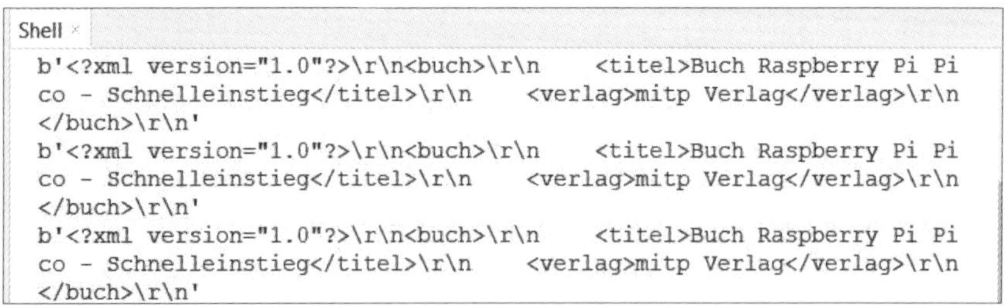

Abb. 7.11: Webclient: Response vom Webserver

Wie zu Beginn des Kapitels erwähnt, kann ein Webaufruf des Webclients auch einzelne Parameter mit Werten beinhalten. Dieser Webaufruf muss dann jeweils vor dem Versand zusammengesetzt werden.

Der Pico W als Webclient ist eine ideale Lösung für Anwendungen im Smarthome oder Internet of Things. In der Praxis können so verschiedene einzelne Webclient-Module Umwelt-Daten oder Zustände an die Zentrale senden.

7.4.4 Webserver

Ein Aufruf einer Webadresse von einem Webserver löst immer eine Antwort aus. Beim Aufruf mit einem Webbrowser wird die Antwort anschließend in diesem dargestellt. Die Antwort ist eine Seite im HTML-Format.

Ein Webserver wartet also auf Anfragen der Clients und sendet anschließend eine Antwort (Response) an den Anfrager (Client) zurück.

Ein Webserver auf dem Raspberry Pi Pico W kann beispielsweise Sensordaten, die vom Pico ermittelt wurden, darstellen.

Im nachfolgenden Beispiel werden die drei Analog-Eingänge A0 bis A2 eingelesen und die Werte auf dem Webserver ausgegeben (Abbildung 7.12).

Abb. 7.12: Webserver: Anzeige analoge Eingänge A0 bis A1

Stückliste (Webserver)

- 1 Raspberry Pi Pico W

Beim Betrieb eines Pico W als Webserver wird dieser über WLAN ans interne Netz angeschlossen. Über die IP-Adresse kann der Webserver anschließend im Browser aufgerufen werden.

Auf dem Webserver werden dann jeweils die analogen Eingänge abgefragt und die ermittelten Werte an den jeweiligen Platzhalter in der Webseite übertragen.

Das Grundgerüst dieser Webseite sieht wie folgt aus:

```
<!DOCTYPE html>
<html>
<head>
<meta http-equiv="refresh" content="30">
<title>RPi Pico W - Webserver</title>
</head>
<body>
<h1>Webserver</h1>
WerteANALOG
</body>
</html>
```

Der Platzhalter `WerteANALOG` wird dann durch die Ausgabe der Analogwerte ersetzt. Das Grundgerüst der HTML-Seite ist dabei im Skriptcode hinterlegt.

Im Skript für den Webserver (`buch2-rpi-pico-kap7-webserver.py`) werden wie gewohnt die notwendigen Bibliotheken geladen.

```
# RPi Pico - Webserver
# Datei: buch2-rpi-pico-kap7-webserver.py

# Bibliotheken
import network
import socket
import time
import machine
```

Nun werden die Zugangsdaten zum lokalen WLAN eingetragen und die WLAN-Verbindung aufgebaut. Auch hier wird der Betriebsmodus *Station* verwendet.

```
#WLAN
ssid = 'MeinWLAN'
password = 'MeinPasswort'
wlan = network.WLAN(network.STA_IF)
wlan.active(True)
wlan.connect(ssid, password)
```

Anschließend werden die drei analogen Eingänge definiert.

```
#Analogeingänge
Analog0 = machine.ADC(26)
```

```
Analog1 = machine.ADC(27)
Analog2 = machine.ADC(28)
```

Die bereits erwähnte Struktur der HTML-Seite des Webservers wird in der Variablen `html` gespeichert.

```
# HTML Seite - Struktur
html = """<!DOCTYPE html>
    <html>
        <head>
        <meta http-equiv="refresh" content="30">
        <title>RPi Pico W - Webserver</title>
        </head>
        <body>
        <h1>Webserver</h1>
        WerteANALOG
        </body>
    </html>
"""
```

Nun erfolgt der Verbindungsaufbau mit nachfolgender Ausgabe der IP-Adresse. Die IP-Adresse ist notwendig, da der Webserver darüber aufgerufen werden kann.

Bei einem Verbindungsfehler wird eine Meldung auf die Shell geschrieben.

```
# Verbindungsaufbau
max_wait = 10
while max_wait > 0:
    if wlan.status() < 0 or wlan.status() >= 3:
        break
    max_wait -= 1
    print('Verbindungsaufbau...')
    time.sleep(1)

# Verbindungsfehler/Verbindung
if wlan.status() != 3:
    raise RuntimeError('Fehler: Netzwerkverbindung')
else:
    print('Verbindung OK')
    status = wlan.ifconfig()
```

```
    print( 'IP: ' + status[0] )

# Socket
addr = socket.getaddrinfo('0.0.0.0', 80)[0][-1]

s = socket.socket()
s.bind(addr)
s.listen(1)
```

Im Hauptprogramm wird die Client-Verbindung laufend mit den Analogwerten aktualisiert, dabei werden die analogen Eingänge eingelesen und als String `valAnalog` für die Ausgabe vorbereitet.

Mit der Replace-Funktion wird dann der String an den Platzhalter `WerteANALOG` aus der HTML-Seite übergeben.

```
# Client-Verbindungen
while True:
    # Analog-Werte einlesen
    valA0 = str(Analog0.read_u16())
    valA1 = str(Analog1.read_u16())
    valA2 = str(Analog2.read_u16())
    valAnalog='A0: '+ valA0 + '<br>'
    valAnalog=valAnalog+'A1: '+ valA1 + '<br>'
    valAnalog=valAnalog+'A2: '+ valA2 + '<br>'

    # Aktualisierung HTML
    response = html.replace('WerteANALOG', valAnalog)
```

Die Response des Webservers, also die HTML-Seite, wird anschließend an den mit dem Webserver verbundenen Client zurückgesendet. Zusätzlich wird diese Clientverbindung über die Print-Ausgabe auf die Shell geschrieben.

```
    try:
        cl, addr = s.accept()
        print('Client verbunden mit IP: ', addr)
        cl.send('HTTP/1.0 200 OK\r\nContent-type: text/htm-
l\r\n\r\n')
        cl.send(response)
        cl.close()
```

```
        except OSError as e:
            cl.close()
            print('Verbindung geschlossen')
```

Mit dem Start des Webservers in der Entwicklungsumgebung kann man den Betrieb und den Verbindungsaufbau der Clients über die Shell überwachen (Abbildung 7.13).

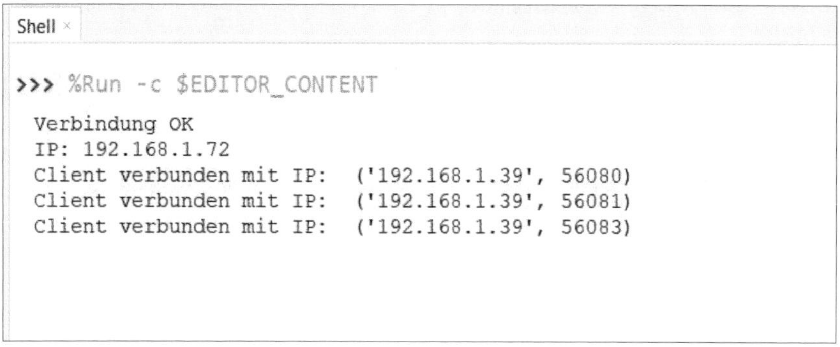

Abb. 7.13: Webserver: Verbindungsaufbau

Dieser kleine Webserver ist eine praktische Lösung, wenn man Sensordaten vom Pico W abfragen will. Der Webserver eignet sich nicht für eine zentrale Webserver-Lösung mit vielen Client-Verbindungen.

Auch wird die Ausgabe nicht automatisch aktualisiert. Um die aktuellen Werte zu sehen, muss die Seite im Webbrowser jeweils aktualisiert, sprich neu geladen werden.

7.4.5 Webserver mit JS-Chart

Die Darstellung der analogen Spannungen an den Eingängen A0 bis A1 ist zwar praktisch. Aber eine grafische Darstellung der Werte würde die Lesbarkeit noch verbessern.

Für die grafische Darstellung von Zahlenwerten im Browser gibt es viele verschiedene JavaScript-Bibliotheken und -Frameworks. Viele dieser Lösungen sind recht komplex und benötigen einen größeren Programmieraufwand.

Ich habe mich für die Bibliothek `Chart.js` entschieden. Diese ist recht einfach und benötigt wenig Programmiercode in der HTML-Seite.

Die Dokumentation zu `Chart.js` findet man unter der Adresse

`https://www.chartjs.org/`

Im Gegensatz zum Webserver-Beispiel aus Abschnitt 7.4.4 wird hier die HTML-Seite in einer separaten Datei im Filesystem des Pico W abgelegt. Im MicroPython-Code wird diese HTML-Datei dann eingelesen und die Analogwerte an die jeweiligen Platzhalter übergeben.

In Abbildung 7.14 ist die Ausgabe der Analogwerte als Balkendiagramm abgebildet.

Abb. 7.14: Webserver: Ausgabe als Balkengrafik

Mittels Refresh-Anweisung im HTML-Code wird die Webseite regelmäßig aktualisiert.

Der HTML-Code für diese Balkengrafik ist recht kompakt aufgebaut. Die HTML-Seite wird als Datei mit dem Namen `index-sensor-chart.html` auf den Pico W geladen.

Die eigentliche Grafik-Funktion als JavaScript wird von einem externen Server geladen und als Script eingebunden.

```
<script src="https://cdn.jsdelivr.net/npm/chart.js">
</script>
```

Die eigentliche Grafik wird als DIV in die HTML-Seite eingebunden.

```
<div style="width: 500px;">
  <canvas id="myChart"></canvas>
</div>
```

Die notwendigen Parameter für die Balkengrafik sind im JavaScript-Code eingetragen. Hier sind speziell die Labels und die Daten des Datasets zu beachten.

Als Daten sind die Platzhalter vA0, vA1 und vA2 zu beachten. In diesen Variablen wird dann der jeweilige Zahlenwert eingetragen.

```
  new Chart(ctx, {
    type: 'bar',
    data: {
      labels: ['A0', 'A1', 'A2'],
      datasets: [{
        label: '# Analog Inputs',
        data: [vA0, vA1, vA2],
        borderWidth: 1
      }]
    },
```

Die gesamte HTML-Seite sieht dann wie folgt aus.

```
<!DOCTYPE html>
<html>
<head>
<title>Pico W</title>
<meta http-equiv="refresh" content="10">
</head>
<body>
<h1>Pico W - Analog-Werte</h1>

<div style="width: 500px;">
  <canvas id="myChart"></canvas>
</div>

<script src="https://cdn.jsdelivr.net/npm/chart.js"></
script>

<script>
```

```
  const ctx = document.getElementById('myChart');

  new Chart(ctx, {
    type: 'bar',
    data: {
      labels: ['A0', 'A1', 'A2'],
      datasets: [{
        label: '# Analog Inputs',
        data: [vA0, vA1, vA2],
        borderWidth: 1
      }]
    },
    options: {
      scales: {
        y: {
          beginAtZero: true
        }
      }
    }
  });
</script>

    </body>
</html>
```

Im MicroPython-Code für den Webserver (siehe buch2-rpi-pico-kap7-webserver-analog.py) werden zuerst die notwendigen Bibliotheken geladen.

```
# RPi Pico - Webserver
# Datei: buch2-rpi-pico-kap7-webserver-analog.py

# Bibliotheken
import network
import ubinascii
import machine
import urequests as requests
import time
from secrets import secrets
import socket
```

In der Bibliothek `secrets` sind die Zugangsdaten zum WLAN abgelegt. Die Datei muss als `secrets.py` auf dem Pico W abgespeichert sein.

Die WLAN-Verbindung wird aufgebaut, die MAC-Adresse ausgegeben und anschließend verbindet sich der Pico W mit dem Router.

```
# WLAN
wlan = network.WLAN(network.STA_IF)
wlan.active(True)

# MAC Adresse
mac = ubinascii.hexlify(network.WLAN().config('mac'),':').
decode()
print('mac = ' + mac)

# WLAN Login
ssid = secrets['ssid']
pw = secrets['pw']
wlan.connect(ssid, pw)
```

Nun werden die Analog-Eingänge definiert.

```
#Analogeingänge
Analog0 = machine.ADC(26)
Analog1 = machine.ADC(27)
Analog2 = machine.ADC(28)
```

Jetzt erfolgt der Verbindungsaufbau mit anschließender Ausgabe der IP-Adresse.

```
# Warten Verbindungsaufbau
timeout = 10
while timeout > 0:
    if wlan.status() < 0 or wlan.status() >= 3:
        break
    timeout -= 1
    print('Verbindungsaufbau...')
    time.sleep(1)


if wlan.status() != 3:
    raise RuntimeError('Verbindung fehlgeschlagen!')
```

```
else:
    print('Verbunden...')
    status = wlan.ifconfig()
    print('IP: ' + status[0])
```

In der Funktion `get_html()` wird zum entsprechenden Zeitpunkt die HTML-Seite geladen.

```
# HTML Seite laden
def get_html(html_name):
    with open(html_name, 'r') as file:
        html = file.read()
    return html
```

Nun wird die IP-Adresse des Servers ermittelt und die Verbindungen zum Server ausgegeben.

```
# HTTP Server
addr = socket.getaddrinfo('0.0.0.0', 80)[0][-1]
s = socket.socket()
s.bind(addr)
s.listen(1)
print('Listening on', addr)
```

Im Hauptprogramm wird nach der erfolgreichen Verbindung mit dem Client der Verbindungsstatus ausgegeben.

Mit der Funktion `get_html()` wird die HTML-Seite `index-sensor-chart.html` eingelesen. Anschließend werden die analogen Eingänge eingelesen und die erfassten Messwerte in die Platzhalter der HTML-Seite übertragen.

Zum Schluss wird die Response des Webservers, also die HTML-Seite, an den mit dem Webserver verbundenen Client zurückgesendet. Zusätzlich wird diese Clientverbindung über die Print-Ausgabe auf die Shell geschrieben.

```
# Verbindung
while True:
    try:
        cl, addr = s.accept()
        print('Client verbunden von: ', addr)
        cl_file = cl.makefile('rwb', 0)
```

```
        while True:
            line = cl_file.readline()
            if not line or line == b'\r\n':
                break

        response = get_html('index-sensor-chart.html')

        # Analog-Werte einlesen
        valA0 = str(Analog0.read_u16())
        valA1 = str(Analog1.read_u16())
        valA2 = str(Analog2.read_u16())

        response = response.replace('vA0', valA0)
        response = response.replace('vA1', valA1)
        response = response.replace('vA2', valA2)

        cl.send('HTTP/1.0 200 OK\r\nContent-type: text/html\
r\n\r\n')
        cl.send(response)
        cl.close()
    except OSError as e:
        cl.close()
        print('Connection closed')
```

Damit ist die Antwort des Webservers auf die Anfrage des Clients versendet und im Webbrowser wird die HTML-Seite mit den Balkengrafiken dargestellt.

Wie bereits erwähnt, wird ein Refresh der Seite im HTML-Code mittels der Meta-Anweisung alle 10 Sekunden ausgelöst.

```
<meta http-equiv="refresh" content="10">
```

Je nach Bedarf kann die Ausgabe der Analog-Werte in der JavaScript-Funktion angepasst und erweitert werden.

Details zur Chart-Erstellung mit `Chart.js` findet man in diesem ausführlichen Tutorial.

`https://www.w3schools.com/js/js_graphics_chartjs.asp`

7.4.6 MQTT-Client

MQTT-Prinzip

Mit MQTT (Message Queuing Telemetry Transport) steht im technischen Umfeld ein weiteres Protokoll zum Datenaustausch zur Verfügung. MQTT ist auch ein Client-Server-Protokoll und ermöglicht den Austausch von Nachrichten und Daten zwischen Geräten. Die zentrale Stelle in diesem System ist kein Webserver, sondern ein sogenannter MQTT-Broker.

Ein MQTT-Broker sammelt alle Meldungen der einzelnen Clients.

Clients selber können Nachrichten senden (Publisher) wie auch Nachrichten empfangen oder abonnieren (Abonnent, in English Subscriber).

In Abbildung 7.15 ist das MQTT-Prinzip zu sehen.

Der MQTT-Broker in der Mitte empfängt die publizierten Nachrichten der angeschlossenen Clients. In diesem Fall sind das die blau umrandeten Client-Boards, die Daten publizieren. Die rot umrandeten Smartphones und Computer sind Abonnenten (Subscriber) und empfangen die Nachrichten der abonnierten Themen.

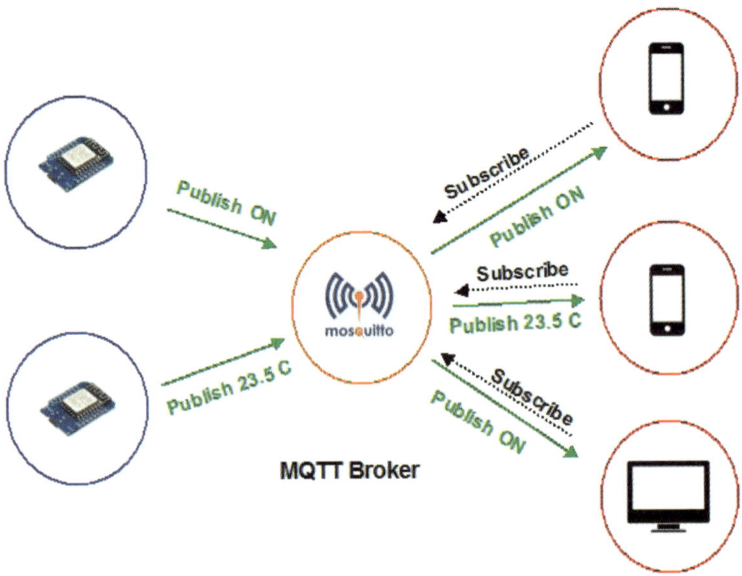

Abb. 7.15: MQTT-Prinzip

Topics (Themen)

Die erwähnten Themen (Topics) sind die Nachrichten-Themen, die von den Abonnenten abonniert wurden. Die Geräte, die Daten publizieren, senden die Daten an die entsprechenden Topics.

Ein Publisher kann auf viele Topics Nachrichten senden. Ein Abonnent selber kann verschiedene Themen abonnieren.

Diese Themen sind hierarchisch strukturiert. Das folgende Beispiel zeigt Topics aus dem Bereich Sensordaten aus dem Garten.

```
Garten/Tomaten/Temperatur
Garten/Tomaten/Bodenfeuchte
Garten/Gurken/Lichtstärke
Garten/Gurken/Bodenfeuchte
```

Ein Sensor-Modul im Garten kann mit den entsprechenden Sensoren für Temperatur, Bodenfeuchte oder Lichtstärke die Umweltdaten erfassen und dann auf die jeweiligen Topics publizieren.

Eine Anwendung im Intranet oder ein Client auf dem Smartphone kann die oben genannten Topics abonnieren und sieht somit immer die aktuellen Sensorwerte.

MQTT-Broker

Ein MQTT-Broker ist meist ein kleiner Server ohne grafische Benutzeroberfläche. Die Serveranwendung läuft im Hintergrund. Ein MQTT-Broker kann auf einem Raspberry Pi, idealerweise auf einem Raspberry Pi 3 oder 4, betrieben werden.

Der häufig verwendete MQTT-Broker für Raspberry Pi heißt Mosquitto.

Auf der nachfolgenden Adresse wird ausführlich erklärt, wie man einen Mosquitto Broker installiert.

`https://plantprogrammer.de/mqtt-auf-dem-raspberry-pi-mosquitto/`

Falls man sich keinen eigenen MQTT-Broker installieren will, stehen im Internet entsprechende Online-Dienste zur Verfügung.

Ein freier Dienst ist der HiveMQ-MQTT-Broker.

`https://www.hivemq.com/public-mqtt-broker/`

In den nachfolgenden MQTT-Beispielen mit dem Pico W muss jeweils ein MQTT-Broker angegeben werden. Dazu ergänzt man im Programm-Code die IP-Adresse oder den Server-Namen des verwendeten MQTT-Brokers.

Publizieren mit MQTT-Client

Der MQTT-Client für die Publikation von Nachrichten ähnelt dem weiter oben vorgestellten Webclient.

Ein Wert oder eine Nachricht wird in regelmäßigen Abständen vom Pico W versendet beziehungsweise publiziert.

Der im Programm definierte MQTT-Broker empfängt die Daten und stellt diese für Abonnenten zur Verfügung.

Stückliste (MQTT-Client-Publisher)

- 1 Raspberry Pi Pico W

Im Programm für den MQTT-Client-Publisher (`buch2-rpi-picoW-kap7-mqtt-topic-pub.py`) werden wie gewohnt zuerst die notwendigen Bibliotheken geladen.

```
# Raspberry Pi Pico - MQTT Client PubSub
# Datei: buch2-rpi-picoW-kap7-mqtt-topic-pub.py

# Bibliothek
import time
import network
from umqttsimple import MQTTClient
import urequests
```

Der MQTT-Client-Code wird aus der Bibliothek `umqttsimple` geladen. Die notwendige Datei `umqttsimple.py` muss manuell auf den Pico W geladen werden.

Die Bibliothek findet man unter dieser Adresse:

`https://github.com/RuiSantosdotme/ESP-MicroPython/blob/master/code/MQTT/umqttsimple.py`

Anschließend wird die WLAN-Verbindung konfiguriert.

```
#WLAN
wlan = network.WLAN(network.STA_IF)
```

```
wlan.active(True)
wlan.connect('MeinWLAN','MeinPasswort')
```

In der MQTT-Konfiguration wird die IP-Adresse des verwendeten MQTT-Brokers angegeben. Statt der IP-Adresse kann auch der Servername angegeben werden.

Der Topic-Name und die zu publizierende Message werden definiert.

```
#MQTT Konfiguration
mqtt_server = '192.168.1.42'
client_id = 'pico'
topic_pub = 'RPIPico'
topic_msg = 'Hello Pico...'
```

Die MQTT-Kommunikation erfolgt über einzelne Funktionen.

```
#Funktionen
def mqtt_connect():
    client = MQTTClient(client_id, mqtt_server, keep-
alive=60)
    client.connect()
    print('Verbunden mit %s MQTT Broker'%(mqtt_server))
    return client

def callback(topic, msg):
    t = topic.decode("utf-8").lstrip(topic)
    print(t)

def reconnect():
    print('Fehler beim Verbinden mit MQTT Broker. Verbin-
dungsaufbau...')
    time.sleep(5)
```

Im Hauptprogramm erfolgt nun ein Verbindungsaufbau und anschließend wird die MQTT-Nachricht auf den definierten Topic, im Beispiel *RPIPico*, publiziert. Die Publikation erfolgt dabei alle 3 Sekunden.

```
#MQTT Loop
try:
    client = mqtt_connect()
except OSError as e:
```

```
    reconnect()
while True:
    client = mqtt_connect()
    client.publish(topic_pub, topic_msg)
    client.set_callback(callback)
    time.sleep(3)
    client.disconnect()
```

Nach Start des Programms kann der Verbindungsaufbau in der Shell der Entwicklungsumgebung überprüft werden.

Da nach jeder Publikation die Client-Verbindung unterbrochen wird, erfolgt dann vor der nächsten Publikation ein neuer Verbindungsaufbau. Dieser wird in der Shell ausgegeben (Abbildung 7.16).

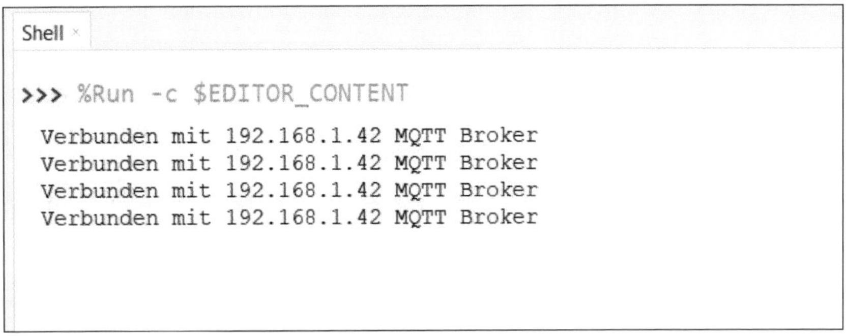

Abb. 7.16: MQTT-Client: Publikation

Im Hintergrund wurde auf den Topic *RPIPico* eine Nachricht publiziert. Diese ist aber ohne zusätzliche Tools nicht sichtbar.

Im nachfolgenden Abschnitt wird erklärt, wie man mit einem einfachen MQTT-Client Daten sowohl abonnieren als auch selber publizieren kann.

MQTT-Topics anzeigen

Im Internet findet man eine ganze Anzahl von Client-Programmen für MQTT-Anwendungen. Die einfachste Lösung ist eine Erweiterung für den Chrome-Browser. Diese Lösung funktioniert auf allen Systemen, auf denen ein Chrome-Browser ausgeführt werden kann.

Erweiterungen (Extensions in Englisch) für Chrome können über den Chrome Web Store gesucht und installiert werden.

Der Direktlink zu dieser Extension *MQTTLens* lautet:

`https://chrome.google.com/webstore/detail/mqttlens/hemojaaeigabkbcookmlgmdigohjobjm?hl=de`

Über den Button HINZUFÜGEN kann man die Anwendung hinzufügen (Abbildung 7.17).

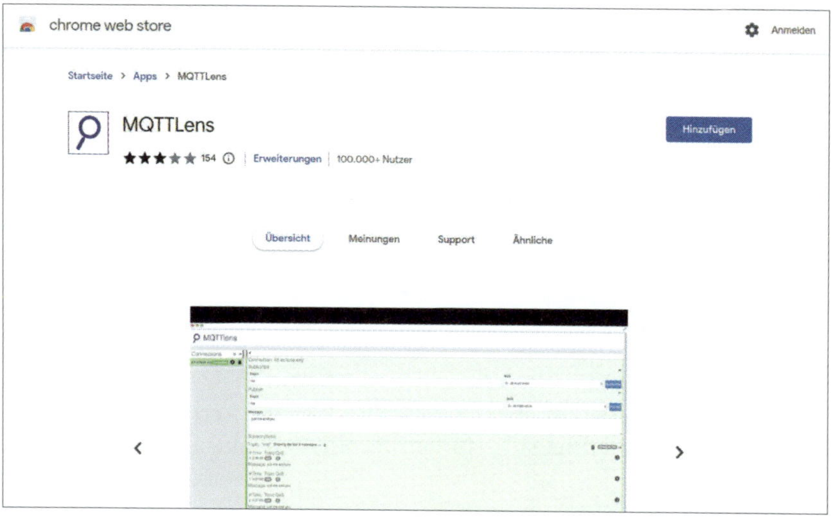

Abb. 7.17: MQTTLens – Extension für Chrome

Der Chrome-Browser fragt dann nach, ob man die App installieren will. Nachdem man dies bestätigt hat, erscheint ein Button APP STARTEN (Abbildung 7.18).

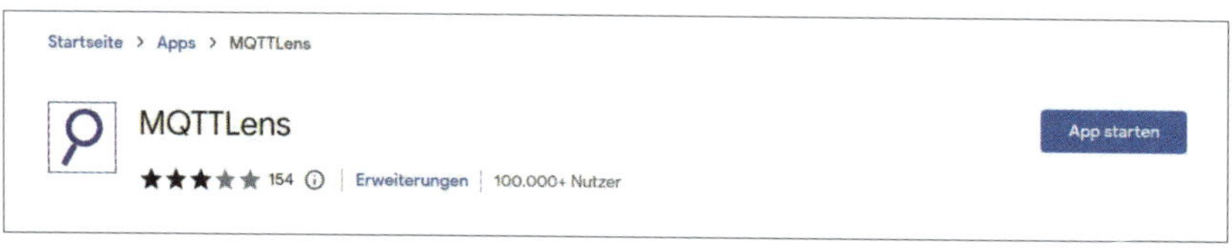

Abb. 7.18: MQTTLens – App starten

Nach Klick auf den Button startet die Anwendung in einem eigenen Fenster (Abbildung 7.19).

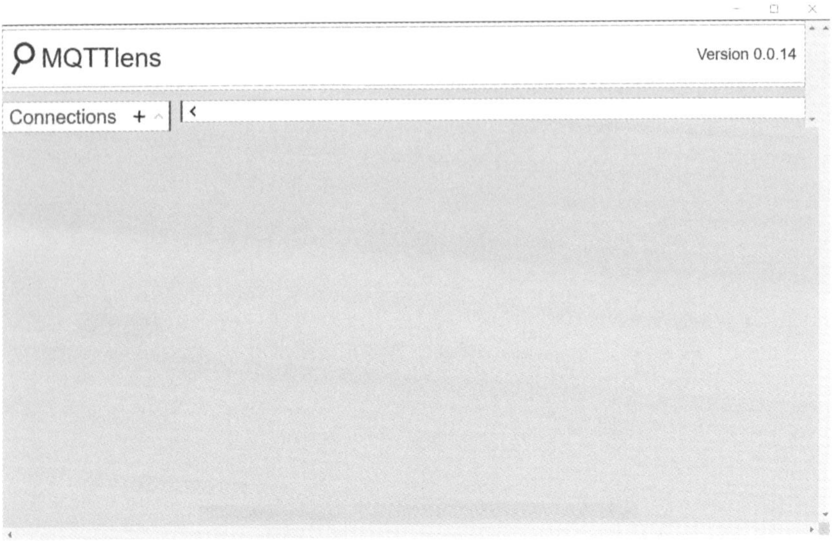

Abb. 7.19: MQTTLens

Im Programm muss nun über CONNECTIONS + eine Verbindung eingetragen werden. Dazu öffnet sich ein Fenster mit den Eingabefeldern (Abbildung 7.20).

Nach Eingabe des Hostnamens und der Portnummer (Port 1883 ist der Standardport) sind die notwendigen Verbindungsinformationen eingetragen. Zusätzlich können noch ein Name für diese Verbindung (Connection Name) und eine Client-ID ergänzt werden.

Mit Klick auf CREATE CONNECTION ist dieser Eintrag erstellt.

In der erstellten Verbindung kann ein erstes Abonnement eingetragen werden. Für unser Beispiel wäre das der Topic *RPIPico* (Abbildung 7.21).

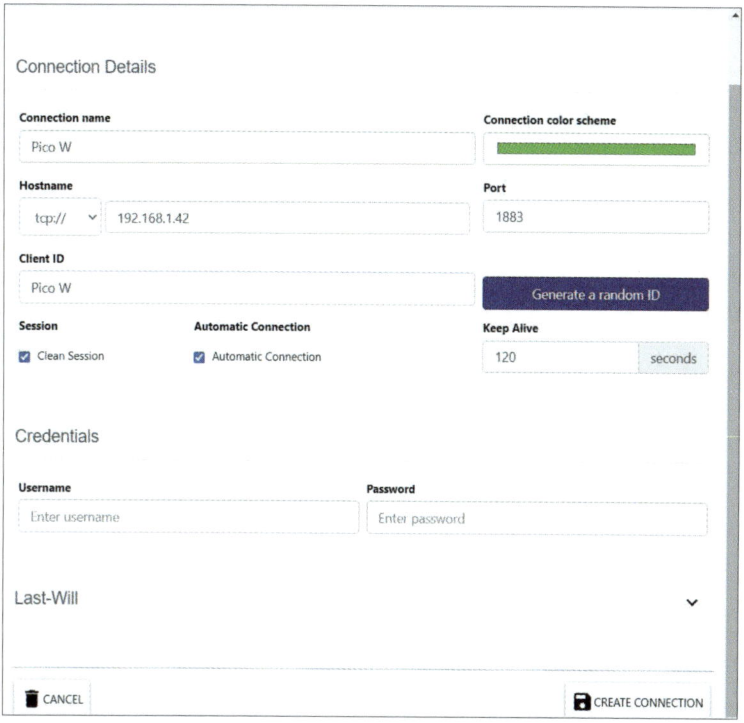

Abb. 7.20: MQTTLens

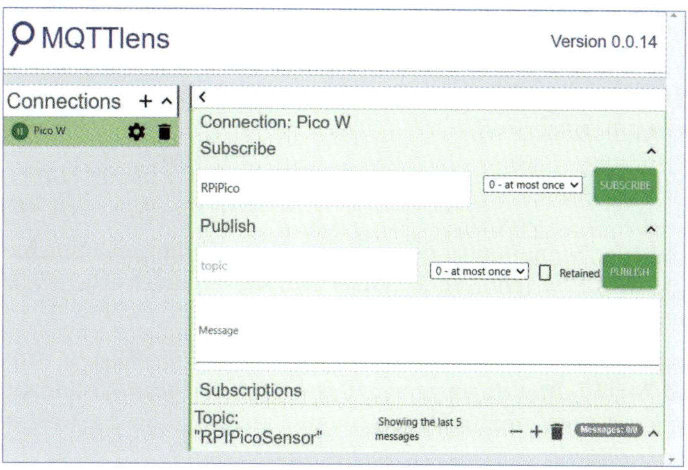

Abb. 7.21: MQTTLens – Topic abonnieren

Sobald der MQTT-Publisher auf dem Pico W Nachrichten publiziert, können diese in MQTTLens gelesen werden (Abbildung 7.22).

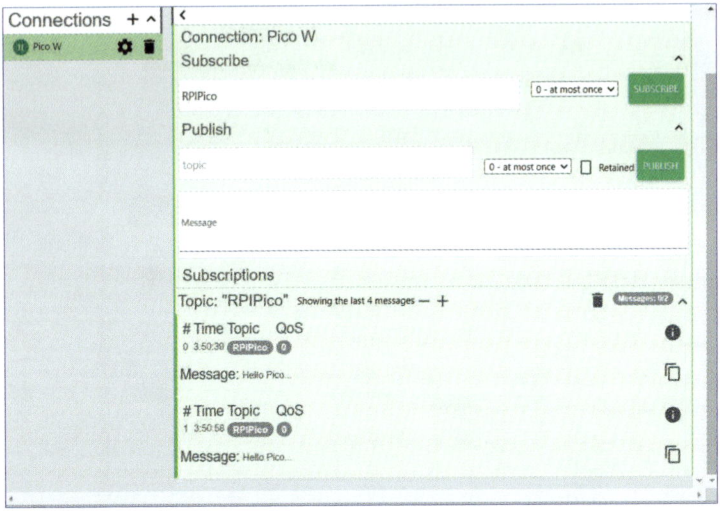

Abb. 7.22: MQTTLens – Daten abonnieren

Weitere mögliche MQTT-Client-Tools sind:

MQTTBox (Chrome-Erweiterung)

`https://chrome.google.com/webstore/detail/mqttbox/kaajoficamnjijhkeomgfljpicifbkaf`

Node-Red (Windows, Ubuntu, Raspberry Pi)

`https://nodered.org/`

MyMQTT (für Android)

`https://play.google.com/store/apps/details?id=at.tripwire.mqtt.client&pli=1`

Für schnelle Tests der Kommunikation von MQTT-Anwendungen empfehle ich, eine App auf dem Smartphone oder Tablet zu installieren. Ich arbeite mit der oben genannten MyMQTT-App.

Bei etwas komplexeren Anwendungen verwende ich eine Installation von Node-Red und MQTT-Broker auf einem Raspberry Pi. Diese Lösung ist sehr offen und kann zur Kommunikationszentrale mit Dashboard erweitert werden.

Beispiele dazu findet man in meinem Buch »Heimautomation mit Arduino, ESP8266 und Raspberry Pi« aus dem mitp-Verlag.

`https://www.mitp.de/IT-WEB/Elektronik-Maker/Heimautomation-mit-Arduino-ESP8266-und-Raspberry-Pi.html`

Abonnieren mit MQTT-Client

Das Abfragen von publizierten MQTT-Nachrichten nennt man Abonnieren. Ein Abonnent (Subscriber in Englisch) hat ein oder mehrere Topics abonniert. Sobald nun eine Nachricht auf ein abonniertes Topic publiziert wird, empfängt der Abonnent diese Nachricht.

Eine Nachricht kann im praktischen Einsatz auch ein Befehl zum Schalten eines Ausgangs vom Pico W sein. Der Pico W wartet in diesem Beispiel also auf Nachrichten von einem Topic und führt dann eine definierte Aktion aus. Anwendungen im Bereich Smarthome oder Heimautomation tauschen ihre Nachrichten oftmals über MQTT aus.

Stückliste (MQTT-Client Subscriber)

- 1 Raspberry Pi Pico W

Das Programm auf dem Pico W für einen MQTT-Subscriber (`buch2-rpi-picoW-kap7-mqtt-topic-sub.py`) ähnelt sehr dem Publisher-Programm.

Im ersten Schritt werden wieder die notwendigen Bibliotheken geladen.

```
# Raspberry Pi Pico - MQTT Client PubSub
# Datei: buch2-rpi-picoW-kap7-mqtt-topic-sub.py

# Bibliothek
import time
import network
from umqttsimple import MQTTClient
import urequests
```

Danach erfolgt die Konfiguration der WLAN-Verbindung.

```
#WLAN
wlan = network.WLAN(network.STA_IF)
wlan.active(True)
wlan.connect('MeinWLAN','MeinPasswort')
```

Anschließend erfolgt die MQTT-Konfiguration. Neben dem MQTT-Server ist das zu abonnierende Topic anzugeben. Wir abonnieren *RPIPicoSensor*.

```
#MQTT Konfiguration
mqtt_server = '192.168.1.42'
client_id = 'pico'
topic_sub = b'RPIPicoSensor'
```

Die einzelnen MQTT-Funktionen werden dann aus dem Hauptprogramm aufgerufen.

Das Empfangen von Nachrichten der abonnierten Topics erfolgt in der Funktion `sub_cb()`. In diesem Beispiel werden die Daten empfangen, decodiert und in der Variablen `msg` gespeichert. Anschließend wird der empfangende Wert auf die Shell geschrieben. Je nach Anwendungsfall kann der empfangene Datenstring ausgewertet und weiterverarbeitet werden.

```
#Funktionen
def sub_cb(topic, msg):
    print("Neue Daten von Topic {}".format(topic.
decode('utf-8')))
    msg = msg.decode('utf-8')
    print(msg)


def mqtt_connect():
    client = MQTTClient(client_id, mqtt_server, keep-
alive=60)
    client.set_callback(sub_cb)
    client.connect()
    print('Verbunden mit %s MQTT Broker'%(mqtt_server))
    return client

def reconnect():
    print('Fehler beim Verbinden mit MQTT Broker. Verbin-
dungsaufbau...')
    time.sleep(5)
```

Im Hauptprogramm erfolgen der Verbindungsaufbau und dann die Abonnierung des definierten Topics.

```
#MQTT Loop
try:
    client = mqtt_connect()
except OSError as e:
    reconnect()
while True:
    client.subscribe(topic_sub)
    time.sleep(1)
```

In meiner Umgebung wird der abonnierte Topic *RPIPicoSensor* mit dem Wert vom Barometer-Sensor befüllt.

Beim Ausführen des Programms (`buch2-rpi-picoW-kap7-mqtt-topic-sub.py`) wird der Verbindungsaufbau in der Entwicklungsumgebung ausgegeben (Abbildung 7.23).

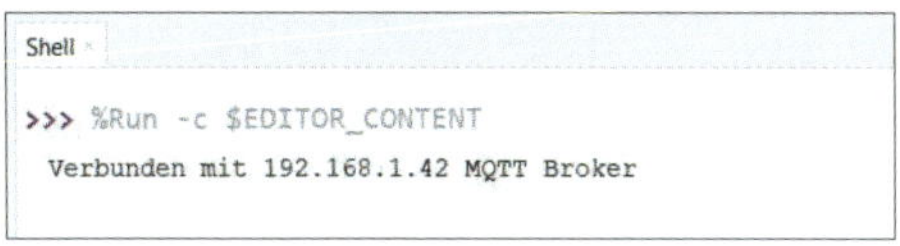

Abb. 7.23: MQTT abonnieren – Verbindungsaufbau

Sobald ein Sensorwert auf den Topic publiziert wird, ist dieser im MQTT-Client sichtbar (Abbildung 7.24).

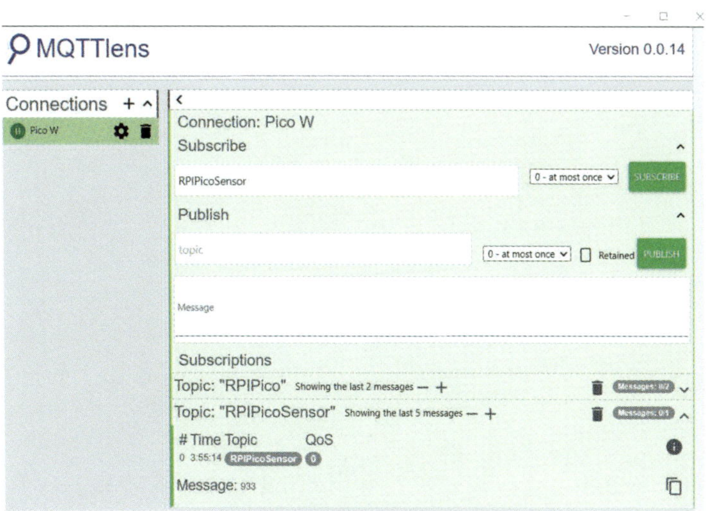

Abb. 7.24: MQTT abonnieren – Sensorwert empfangen

Gleichzeitig wird auch der empfangene Sensorwert in der Shell der Entwicklungsumgebung ausgegeben (Abbildung 7.25).

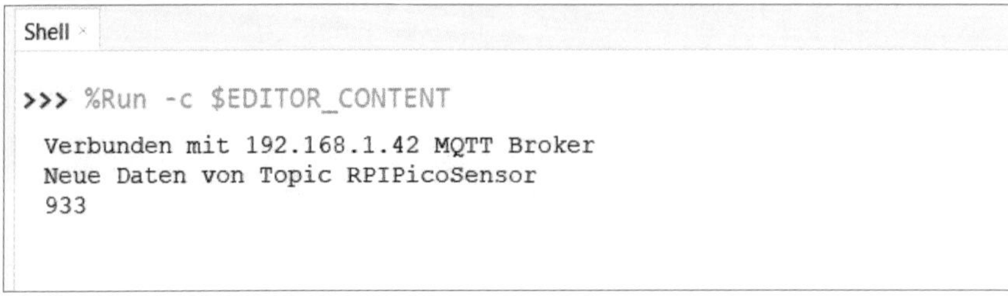

Abb. 7.25: MQTT abonnieren – Sensorwert empfangen

Kapitel 8

Programm-Erweiterungen

In diesem Kapitel werden Programm-Erweiterungen beschrieben, die die Standardfunktionalität des Pico vergrößern oder vereinfachen.

Zu den Programm-Erweiterungen gehören Bibliotheken. Diese Bibliotheken sind eigenständige Programme, die ins Hauptprogramm geladen werden und verschiedene Funktionen zur Verfügung stellen.

Die Kommunikation mit externen Komponenten wie Sensoren oder auch Displays erfolgt meist über die Standardschnittstellen des Pico (I2C oder SPI). Die dazu nötigen Funktionen werden von bereits vorhandenen Bibliotheken bereitgestellt. Der Anwender muss beim Einsatz von Bibliotheken den detaillierten Code dieser Funktionen nicht kennen. Dieser wird im Hintergrund ausgeführt und liefert das Resultat an den Anwender zurück.

Für Funktionen, die beim Pico-Microcontroller RP2040 nicht mittels der vorhandenen Schnittstellen-Funktionen realisiert werden können, steht die Technik des PIO (Programmable Input and Output) zur Verfügung.

Durch die PIO-Funktionalität können mittels Hardware-naher Programmierung solche Spezialfunktionen realisiert werden.

8.1 Bibliotheken

Bibliotheken sind eigenständige und geschlossene Programmpakete, die für einzelne Programmfunktionen entwickelt wurden. Im Internet gibt es viele Entwickler, die einzelne Bibliotheken für Sensoren, Anzeigen oder sonstige Funktionen zur Verfügung stellen.

Über die Thonny-Oberfläche im Menü TOOLS|MANAGE PLUG-INS können Sie Bibliotheken suchen und installieren. Über die Suchfunktion werden Bibliotheken und Pakete im Python-Package-Index (`https://pypi.org`) durchsucht. Bibliotheken in MicroPython für den Pico sind aber bisher nur wenige zu finden.

Darum empfiehlt es sich, die Bibliotheken für den Pico manuell zu installieren.

Eine Bibliothek besteht meistens aus einer einzelnen Datei mit den Funktionen sowie einer oder mehreren Beispiel-Dateien.

Beim Beispiel der Servo-Ansteuerung (Abschnitt 4.6) wurde die Bibliothek `picoservo` von Github verwendet:

`https://github.com/sandbo00/picoservo`

Diese Bibliothek besteht aus einer Bibliotheksdatei `servo.py`. Beispieldateien gibt es keine dazu. Ein Beispiel für die Ansteuerung ist direkt auf der Webseite dargestellt.

Für den Einsatz auf dem Pico wird nun die Bibliothek als ZIP-Datei lokal gespeichert und entpackt. Anschließend wird die Datei `servo.py` in Thonny geöffnet und auf dem Pico gespeichert (Abbildung 8.1).

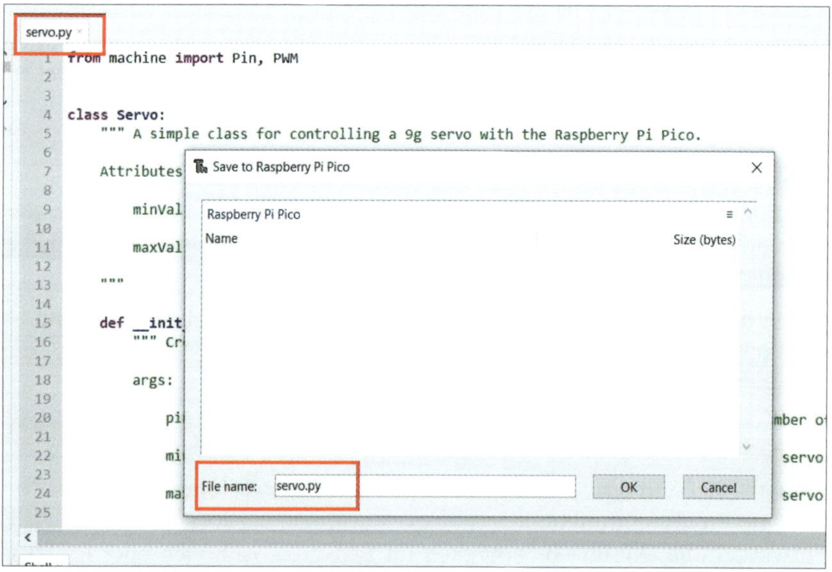

Abb. 8.1: Bibliothek auf Pico speichern

Beim Speichern einer Bibliotheksdatei auf dem Pico darf der vorgegebene Dateiname nicht verändert werden, da im MicroPython-Programm auf diesen Namen verwiesen wird.

Im Beispiel der Servo-Bibliothek wird die Bibliothek wie folgt in den Code geladen:

```
from servo import Servo
```

Mit `from servo` wird auf die Datei `servo.py` verwiesen und mit `import Servo` wird aus dieser Datei die gleichbenannte Funktion geladen. Damit stehen die zusätzlichen Funktionen dieser Bibliothek für den Einsatz im Programm für den Pico zur Verfügung.

8.2 Programmable Input and Output (PIO)

Die PIO-Funktionalität des RP2040, dem Raspberry-Pi-Microcontroller, ist ein flexiber und konfigurierbarer Input/Output-Controller und ermöglicht die Programmierung von flexiblen Schnittstellen-Funktionen.

In der Schnittstellen-Programmierung mit MicroPython wird die Datenübertragung per Software realisiert. Die Technik wird als »Bitbanging« bezeichnet. Es hat mehrere Nachteile – es ist langsam, der Prozessor wird stark belastet und zeitkritische Vorgänge sind schwierig zu realisieren. Schnelle, zeitkritische Datenübertragungen sind mit MicroPython schwierig zu realisieren.

Hier kommt nun die PIO-Funktionalität des Pico-Microcontrollers zum Einsatz.

Im RP2040-Microcontroller stehen dazu zwei PIO-Blöcke zur Verfügung, die vom fortgeschrittenen Anwender angesprochen werden können. Die Programmierung wird dabei auf einer tieferen, Hardware-näheren Ebene realisiert.

Im Blockdiagramm (Abbildung 8.2) sind die beiden PIO-Blöcke dargestellt (rot markiert). Beide Blöcke haben direkten Zugriff auf die Ein- und Ausgangspins des RP2040 (grün markiert).

Die Programmierung von PIO-Funktionen kann mit MicroPython umgesetzt werden, wobei ein spezieller Satz an Befehlen verwendet wird.

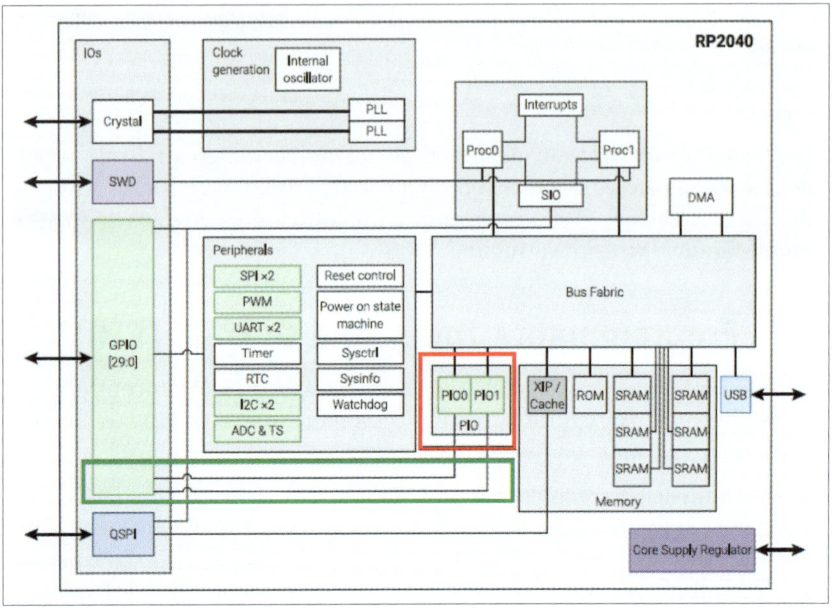

Abb. 8.2: RP2040-Microcontroller – PIO

8.2.1 Praxisbeispiel: Blink mit State Machine

Im nachfolgenden Programmbeispiel (`buch-rpi-pico-kap8-sm-blink.py`) wird eine Blink-Funktion in der PIO State Machine ausgeführt. Eine State Machine (Zustandsmaschine) ist ein Konzept, bei dem eine abstrahierte Machine die Zustände ausführt. Der Ablauf wird durch einen Takt angetrieben.

Stückliste (Blink mit State Machine)

- 1 Raspberry Pi Pico
- 1 Steckbrett

In diesem Beispiel wird die interne Leuchtdiode an Pin 25 durch die PIO-Zustandsmaschine zum Blinken gebracht.

Im Programm werden zuerst verschiedene Bibliotheken geladen:

```
# Pico - State Machine Blink
# Datei: buch-rpi-pico-kap8-sm-blink.py

from rp2 import PIO, StateMachine, asm_pio
from machine import Pin
import utime
```

Das Blink-Programm wird als separates Programm mit speziellen Befehlen erstellt:

```
#Blink
@rp2.asm_pio(set_init=rp2.PIO.OUT_LOW)
def blink():
    wrap_target()
    set(pins, 1)   [31]
    nop()          [31]
    nop()          [31]
    nop()          [31]
    nop()          [31]
    set(pins, 0)   [31]
    nop()          [31]
    nop()          [31]
    nop()          [31]
    nop()          [31]
    wrap()
```

Aufgerufen wird das Blink-Programm durch eine State Machine. Es stehen dabei acht State Machines zur Verfügung, die mit 0 bis 7 nummeriert werden.

In unserem Fall verwenden wir die State Machine 0, die mit 1000 Hertz ausgeführt wird. Die Ausgabe erfolgt dabei an Pin 25.

```
# State Machine
sm = rp2.StateMachine(0, blink, freq=1000, set_base=Pin(25))
```

Gestartet wird das Blinken in der State Machine über das Programm mit den Start-und-Stopp-Anweisungen `active(1)` beziehungsweise `active(0)`.

```
#Programm
sm.active(1)
utime.sleep(3)
sm.active(0)
```

Das Programm aktiviert die State Machine und geht in eine Pause von drei Sekunden und anschließend wird die State Machine deaktiviert.

Auf dem Pico beginnt die Onboard-Leuchtdiode zu blinken. Nach drei Sekunden wird das Blinken beendet.

Das Blink-Verhalten wird durch die eigenständige Methode `blink()` realisiert und läuft grundsätzlich unendlich weiter. In diesem Beispiel wird das Ausführen von Blink aber durch die Deaktivierung nach drei Sekunden unterbrochen.

Die Blink-Frequenz der Onboard-Leuchtdiode kann nun über die Anweisungen im Blink-Programm `blink()` gesetzt werden. Als Verzögerungen werden einzelne Befehle `nop()` verwendet. Diese Befehle führen keine Aktion aus und dienen quasi nur als Platzhalter oder Zeitverzögerung. Mit einer einzelnen Anweisung

```
nop()           [31]
```

wird für 31 Systemtakte der `nop`-Befehl ausgeführt.

Bei einer Frequenz von 1000 Hertz ist ein Takt 0,5 Millisekunden lang (die Zeit, während das Taktsignal auf HIGH ist).

Werden nun alle Systemtakte, die bei den einzelnen Anweisungen in eckigen Klammern definiert sind, zusammengezählt, bekommt man 310 Systemtakte.

Die Zeit für einen Programmdurchlauf ist entsprechend:

```
310 * 0.5 ms = 155 ms
```

Die 155 Millisekunden Programmdurchlauf ergeben eine Blink-Frequenz von rund 6,5 Hertz.

Auf einem Oszilloskop gemessen, habe ich eine Blinkfrequenz von 6,57 Hz ermittelt. In Abbildung 8.3 ist ein Screenshot des Signals auf dem Oszilloskop dargestellt. Am oberen Bildrand wird die Frequenz des gemessenen Messsignals dargestellt.

Dieses kleine Blink-Programm zeigt die Möglichkeiten der LOW-Level-Programmierung über PIO. Im Blink-Programm selbst wurden nur die Programmbefehle `set()` und `nop()` verwendet. Mit `set(pins, 1)` beziehungsweise `set(pins, 0)` wird der definierte Pin auf HIGH beziehungsweise LOW gesetzt.

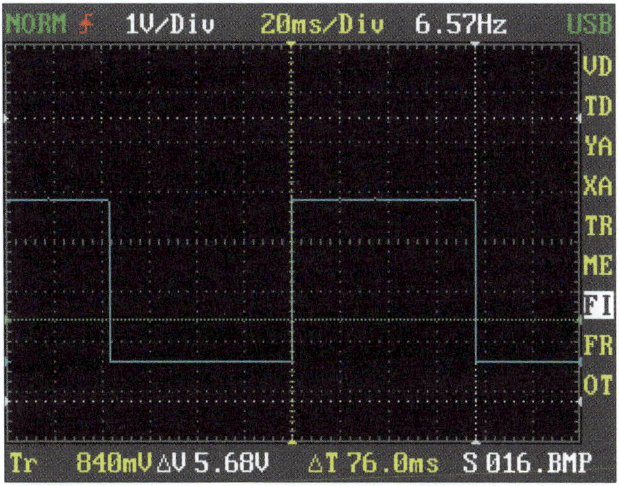

Abb. 8.3: PIO – Blinkfrequenz vom Blink-Programm

Der Befehlssatz für die PIO-Programmierung umfasst die folgenden Befehle gemäß Tabelle 8.1.

Befehl	Beschreibung
`in()`	Verschiebt 1 bis 32 Bits von Daten in die State Machine
`push()`	Sendet Daten in den Speicher
`pull()`	Holt Daten aus dem Speicher
`mov()`	Verschiebt Daten (Beispiel von Variable a nach Variable b)
`irq()`	Kontrolliert Interrupts (Trigger)
`wait()`	Pausiert, bis etwas passiert

Tab. 8.1: PIO-Befehle

8.2.2 Praxisbeispiel: Blinker als Alarmmelder

Das Blink-Programm aus Abschnitt 8.2.1 eignet sich ideal als Alarmanzeige. Für den Alarmmelder wird das Blink-Programm mit einer zweiten Leuchtdiode erweitert. Das Blinken der beiden Leuchtdioden erfolgt dann in verschiedenen Frequenzen und ist abhängig von einem Analogwert.

Durch die getrennte Programmierung der eigentlichen Blink-Funktion wird aus dem Hauptprogramm nur noch zum jeweiligen Zeitpunkt die entsprechende State Machine aufgerufen.

Stückliste (Blinker als Alarmmelder)

- 1 Raspberry Pi Pico
- 1 Steckbrett
- 2 Leuchtdioden (Rot, Orange oder nach Wahl)
- 2 Widerstände 1 kOhm (Braun, Schwarz, Rot)
- 1 Potentiometer 10 kOhm
- Jumper-Wires

In Abbildung 8.4 ist der Steckbrett-Aufbau für den Alarmmelder dargestellt. Über das Potentiometer kann ein Analogwert von 0 bis 3,3 V simuliert werden. Der reale Analogwert kann von einem Sensor (Temperatur, Luftfeuchtigkeit, Licht etc.) stammen.

Überschreitet der Analogwert einen Pegel, fängt die erste Leuchtdiode an zu blinken (orange). Wird ein zweiter, höherer Pegel überschritten, startet das schnelle Blinken der roten Leuchtdiode.

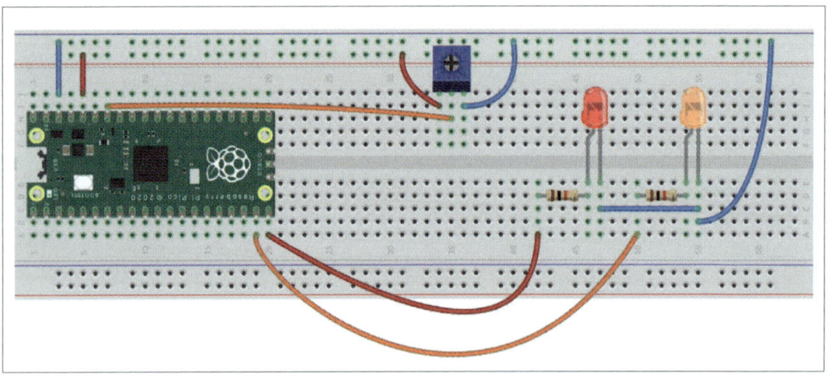

Abb. 8.4: Steckbrett-Aufbau: Alarmmelder

Im MicroPython-Code für den Alarmmelder (`buch-rpi-pico-kap8-sm-blink-analog.py`) werden zuerst die notwendigen Bibliotheken geladen:

```
# Pico - State Machine Blink wenn Analog-Level
# Datei: buch-rpi-pico-kap8-sm-blink-analog.py

from rp2 import PIO, StateMachine, asm_pio
from machine import Pin
import utime
```

Als analoger Eingang wird der Pin GP28 (A2) verwendet:

```
# Variablen/Objekte
potentiometer = machine.ADC(28)
```

Für die Blink-Funktion der beiden Leuchtdioden werden zwei separate PIO-Blink-Funktionen verwendet und mit `blink()` beziehungsweise `blink2()` bezeichnet.

```
# State Machine
@asm_pio(set_init=PIO.OUT_LOW)
def blink():
    wrap_target()
    set(pins, 1)   [31]
    nop()          [31]
    nop()          [31]
    set(pins, 0)   [31]
    nop()          [31]
    nop()          [31]
    wrap()

@asm_pio(set_init=PIO.OUT_LOW)
def blink2():
    wrap_target()
    set(pins, 1)   [31]
    nop()          [31]
    nop()          [31]
    nop()          [31]
    nop()          [31]
    nop()          [31]
    nop()          [31]
    nop()          [31]
    nop()          [31]
```

```
    set(pins, 0)    [31]
    nop()           [31]
    nop()           [31]
    nop()           [31]
    nop()           [31]
    nop()           [31]
    nop()           [31]
    nop()           [31]
    nop()           [31]
    wrap()
```

Die beiden Blink-Funktionen werden von getrennten State Machines angesteuert. Die Leuchtdioden sind dabei an den Pins GP14 (langsames Blinken) und GP15 (schnelles Blinken) angeschlossen.

```
sm1 = StateMachine(1, blink, freq=1000, set_base=Pin(15))
sm2 = StateMachine(2, blink2, freq=1000, set_base=Pin(14))
```

Im Hauptprogramm wird nun der analoge Eingang eingelesen und der Wert in der Variablen `pot` gespeichert.

Anschließend wird die Variable `pot` mit einem Wert von 40000 verglichen. Ist der Wert in `pot` höher, wird die State Machine `sm1` aktiviert, andernfalls ist `sm1` deaktiviert. Der Zahlenwert von 40000 ist die obere Schaltschwelle für das schnelle Blinken der roten Leuchtdiode.

Das gleiche Vorgehen erfolgt anschließend für den Wert 10000. Dies ist die Schaltschwelle für das langsame Blinken der orangen Leuchtdiode. Das Blinken wird in diesem Fall über die State Machine `sm2` aktiviert oder deaktiviert.

```
#Hauptprogramm
while True:
    pot=potentiometer.read_u16()
    if pot > 40000:
        sm1.active(1)
    else:
        sm1.active(0)
    if pot > 10000:
        sm2.active(1)
    else:
        sm2.active(0)
    utime.sleep(0.2)
```

Kapitel 9

Pinout-Boards

In diesem Kapitel werden die technischen Daten des Pico und Pico W, die Anschlussbelegung sowie weitere Boards und Erweiterungen beschrieben.

9.1 Pico-Pinout und Beschreibung

Das Pinout des Pico ist in Abbildung 9.1 dargestellt. Der Pico besitzt 40 Anschluss-Pins, die für unterschiedliche Funktionen konfiguriert sind.

Die farbigen Blöcke beschreiben die einzelnen Funktionen der unterschiedlichen Anschlüsse und deren Funktionsbezeichnung.

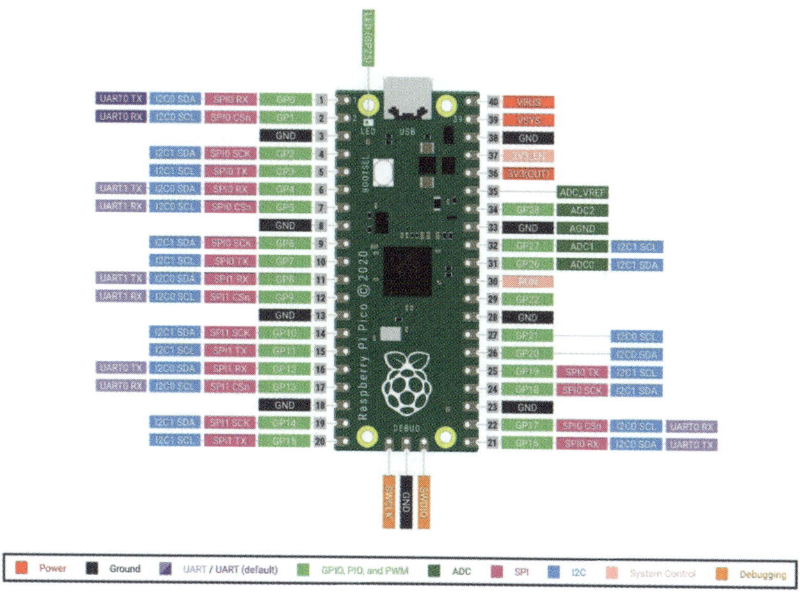

Abb. 9.1: Pico: Pinout mit Funktionen

In Abbildung 9.2 ist die Anschlussbelegung des Pico W abgebildet.

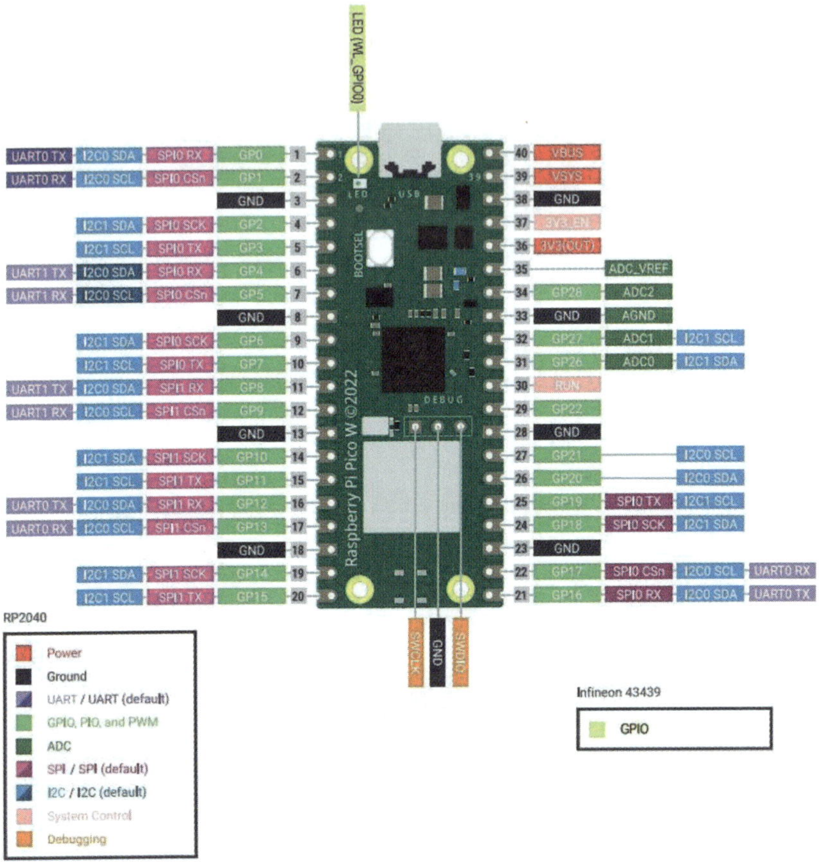

Abb. 9.2: Pico W: Pinout mit Funktionen

Die Anschlussbelegung des Pico und des Pico W sind identisch.

Bei den zugewiesenen Funktionen ist zu beachten, dass sie teilweise mehrfach vorhanden sind. Pins mit den gleichen Funktionsbezeichnungen, beispielsweise GP0 mit der Funktion UART0 TX, finden Sie auch an GP12 und GP16.

Beschreibung der Pins und Funktionen

In Tabelle 9.1 sind die Anschluss-Pins des Pico und die zugewiesenen Funktionen beschrieben.

Pin	Bezeichnung auf Board	Beschreibung/Funktion
1	GP0	GPIO, UART0 TX, I2C0 SDA, SPI0 RX
2	GP1	GPIO, UART0 RX, I2C0 SCL, SPI0 CSn
3	GND	GND
4	GP2	GPIO, I2C1 SDA, SPI0 SCK
5	GP3	GPIO, I2C1 SCL, SPI0 TX
6	GP4	GPIO, UART1 TX, I2C0 SDA, SPI0 RX
7	GP5	GPIO, UART1 RX, I2C0 SCL, SPI0 CSn
8	GND	GND
9	GP6	GPIO, I2C1 SDA, SPI0 SCK
10	GP7	GPIO, I2C1 SCL, SPI0 TX
11	GP8	GPIO, UART1 TX, I2C0 SDA, SPI1 RX
12	GP9	GPIO, UART1 RX, I2C0 SCL, SPI1 CSn
13	GND	GND
14	GP10	GPIO, I2C1 SDA, SPI1 SCK
15	GP11	GPIO, I2C1 SCL, SPI1 TX
16	GP12	GPIO, UART0 TX, I2C0 SDA, SPI1 RX
17	GP13	GPIO, UART0 RX, I2C0 SCL, SPI1 CSn
18	GND	GND
19	GP14	GPIO, I2C1 SDA, SPI1 SCK
20	GP15	GPIO, I2C1 SCL, SPI1 TX
21	GP16	GPIO, UART0 TX, I2C0 SDA, SPI0 RX
22	GP17	GPIO, UART0 RX, I2C0 SCL, SPI0 CSn
23	GND	GND
24	GP18	GPIO, I2C1 SDA, SPI0 SCK

Pin	Bezeichnung auf Board	Beschreibung/Funktion
25	GP19	GPIO, I2C1 SCL, SPI0 TX
26	GP20	GPIO, I2C0 SDA
27	GP21	GPIO, I2C0 SCL
28	GND	GND
29	GP22	GPIO
30	RUN	Enable/Reset
31	GP26_A0	GPIO, I2C1 SDA, ADC0
32	GP27_A1	GPIO, I2C1 SCL, ADC1
33	AGND	GND Analog
34	GP28_A2	GPIO, ADC2
35	ADC_VREF	Referenzspannung des Analog/Digital-Wandlers
36	3V3	3,3 V für Versorgung externer Komponenten
37	3V3_EN	Freigabe-Signal für interne Spannungsversorgung (LOW-aktiv)
38	GND	GND
39	VSYS	Eingangsspannung für interne Spannungsversorgung
40	VBUS	Eingangsspannung des USB-Micro-Steckers

Tab. 9.1: Pinbelegung des Pico

GPIO

Pins mit einer Funktion als Eingang oder Ausgang sowie UART, I2C und SPI. Im Programmcode werden die Pins über die GP-Nummerierung angesprochen.

UARTx (RX, TX)

Busleitungen der seriellen UARTs (UART0, UART1)

I2Cx (SDA, SCL)

Busleitungen für den I2C-Bus. Auf dem Pico stehen zwei I2C-Busse (I2C0, I2C1) zur Verfügung.

SPIx (SCK, CSn, TX, RX)

Signalleitungen für die beiden SPI-Busse (SPI0, SPI1)

RUN

Enable-Signal für den RP2040-Microcontroller mit internem Pullup-Widerstand. Der Microcontroller kann mit einem LOW-Signal zurückgesetzt werden.

ADCx (ADC0–ADC2)

Analoge Eingänge mit einem Messbereich von 0 bis 3,3 V

ADC_VREF

Referenzspannung des internen Analog/Digital-Wandlers mit einem Wert von 3,3 V. Am Anschluss kann auch eine externe 3,0-V-Referenzspannung (Empfehlung LM4040) angeschlossen werden. Details dazu finden Sie im Datenblatt des Pico.

AGND

GND-Bezugspunkt für die analogen Eingänge ADC0–ADC2. Kann bei digitalen Anwendungen oder unkritischen analogen Anwendungen mit dem digitalen Ground (GND) verbunden werden.

3V3_OUT

Spannungsversorgung des RP2040-Microcontrollers. Kann für die Versorgung von externen Komponenten verwendet werden. Der maximale Strom darf 300 mA nicht überschreiten.

3V3_EN

Freigabe-Pin für die Spannungsversorgung des RP2040. Enable mit LOW-Signal.

VSYS

Eingangsspannung für die interne Spannungsversorgung mit einem Eingangsbereich von 1,8 bis 5,5 V. Diese Spannung versorgt den internen Spannungswandler für die 3,3 V.

Über eine (Schottky-)Diode kann eine externe Spannungsversorgung angeschlossen werden. Dies kann ein externes Netzteil oder eine Batterie (Lithium oder drei AA-Batterien) sein.

VBUS

Eingangsspannung des USB-Micro-Steckers mit einem Nominal-Wert von 5 V. Falls das Board über den Anschluss VSYS versorgt wird und der USB-Anschluss nicht mit dem Rechner verbunden ist, wird 0 V an diesem Anschluss gemessen.

9.2 Technische Daten

Die technischen Daten des Raspberry Pi Pico und Pico W sind in der nachfolgenden Tabelle 9.2 aufgelistet.

Technische Daten	Beschreibung
Microcontroller	RP2040 (Raspberry Pi Foundation)
CPU	Dual ARM Cortex-M0+, flexibler Clock bis 133 MHz
RAM	264 kB SRAM
Speicher	2 MB externes Flash-RAM
GPIO	26 konfigurierbare IO
Schnittstellen	I2C (2x) SPI (2x) UART (2x)
A/D-Wandler	12-Bit-A/D-Wandler (3x)
Temperatur-Sensor	interne Diode
Power	5 VDC via USB-Micro-Stecker 2–5 VDC via VSYS 3,3 V aus internem Spannungsregler (Anschluss 3V3)
WLAN (nur Pico W)	2.4 GHz IEEE 802.11b/g/n Wireless LAN, Onboard-Antenne

Technische Daten	Beschreibung
Debug-Interface	Single Wire Debug (SWD) über 3-polige Pinstecker
Leiterplatte Größe	51,2 x 21 mm

Tab. 9.2: Technische Daten des Pico

9.3 RP2040-Boards

Bereits kurz nach der Vorstellung des Pico haben die großen Namen der Maker-Szene wie Sparkfun, Arduino, Adafruit und Pimoroni eigene Boards mit dem Raspberry-Pi-Microcontroller RP2040 angekündigt.

9.3.1 Sparkfun

Die amerikanischen Entwickler von Sparkfun sind gewöhnlich auch sehr schnell bei der Entwicklung neuer Boards. So ist nicht überraschend, dass bereits die ersten Boards mit der Bezeichnung *Sparkfun Pro Micro RP2040* im Handel verfügbar sind.

In Abbildung 9.3 sehen Sie das Board.

Abb. 9.3: Sparkfun Pro Micro RP2040 (Quelle Sparkfun)

Dieses Board hat im Vergleich zum Pico ein paar zusätzliche Funktionen integriert:

- WS2812B – adressierbare RGB-Leuchtdiode
- Button für Boot und Reset

- Qwiic-Stecker
- USB-C-Stecker
- PTC-Sicherung

Der Pro Micro RP2040 ist bei Sparkfun und in Europa bei Elektor verfügbar.

Sparkfun

`https://www.sparkfun.com/products/17717`

Elektor

`https://www.elektor.de/sparkfun-pro-micro-rp2040`

9.3.2 Arduino

Der Arduino Nano RP2040 Connect ist das erste Arduino-Board mit einem RP2040-Microcontroller (Abbildung 9.4). Wie der Name sagt, hat der Nano RP2040 Connect die gleichen Dimensionen wie der bisherige Arduino Nano.

Abb. 9.4: Arduino Nano RP2040 Connect (Quelle arduino.cc)

Arduino hat auf dem Nano RP2040 Connect ein wireless Modul von u-Box (Typ NINA-W102) integriert. Dieses Modul ermöglicht die drahtlose Kommunikation via WLAN, Bluetooth und Bluetooth Low Energy 4.2.

Zusätzlich findet der Anwender auf dem Board ein Onboard-Mikrofon für Audio-Anwendungen sowie einen 6-Achsen-Beschleunigungssensor.

Der Arduino Nano RP2040 Connect wird sowohl von der Arduino-Entwicklungsumgebung als auch von der Raspberry RP2040-Softwareumgebung unterstützt.

Das Board ist im Arduino-Shop verfügbar:

`https://store.arduino.cc/products/arduino-nano-rp2040-connect-with-headers`

9.3.3 Adafruit

Auch Adafruit gehört zu den führenden Anbietern und Herstellern von Microcontroller-Boards für die Bastler und Maker.

Im Adafruit-Shop sind bereits mehrere Produkte mit einem RP2040-Microcontroller gelistet.

Das Adafruit-RP2040-Board aus deren Feather-Baureihe heißt *Adafruit Feather RP2040*. Der Feather RP2040 ist in Abbildung 9.5 dargestellt.

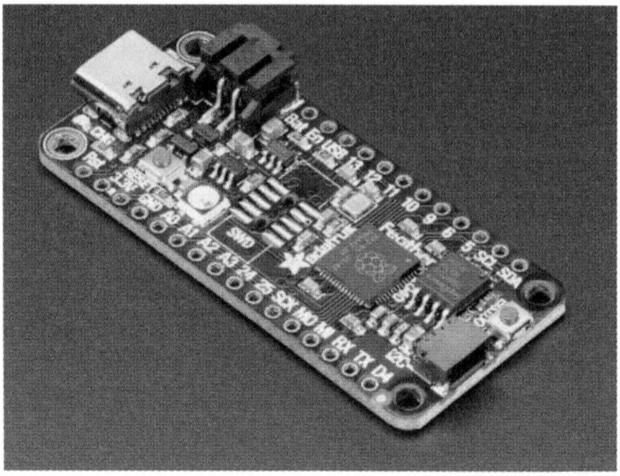

Abb. 9.5: Adafruit Feather RP2040 (Quelle Adafruit.com)

Dieses Board hat die Funktionen des Pico integriert sowie eine Anzahl von Funktionen der Feather-Module.

- 8 MB SPI-Flash-Speicher
- 200 mA LiPo-Ladeschaltung
- LED an Pin13 für allgemeine Anwendungen
- RGP NeoPixel – LED
- STEMMA-QT-Stecker

- Reset- und Bootloader-Button
- 3,3-V-Spannungsregler mit 500 mA Ausgangsstrom
- USB-C-Stecker
- Optionaler SWD-Debug-Port zum Löten

Adafruit empfiehlt den Einsatz von CircuitPython statt der Pico-Variante mit MicroPython.

Das Feather-Board Feather RP2040 ist bei Adafruit verfügbar:

`https://www.adafruit.com/product/4884`

9.3.4 PIMORONI

`https://pimoroni.com`

Der englische Hardware-Entwickler PIMORONI hat bereits kurz nach der Vorstellung des Pico die ersten Hardware-Erweiterungen für den Pico vorgestellt.

Mit dem Briefmarken-großen Tiny2040 zeigt Pimoroni die Möglichkeiten mit dem RP2040. Das kleine Board bietet 12 IO (inklusive vier analoge Eingänge), einen 8-MB-Flash und eine Onboard-RGB-Leuchtdiode und ist aktuell das kleinste Board, das mit einem RP2040 betrieben wird.

Das Board mit Abmessungen von rund 23 x 18 mm (Abbildung 9.6) eignet sich dank der kompakten Abmessungen ideal für Anwendungen mit geringem Platzbedarf. Über die großen Anschluss-Löt-Pads können die Ein- und Ausgänge des Boards über Drahtverbindungen direkt mit externen Bauteilen verbunden werden.

Abb. 9.6: Tiny2040 (Quelle pimoroni.com)

Das Board ist im Pimoroni-Shop verfügbar:

`https://shop.pimoroni.com/products/tiny-2040`

9.3.5 XIAO RP2040

Der XIAO RP2040 ist ein kompaktes Microcontroller-Board des chinesischen Herstellers Seeedstudio (Abbildung 9.7).

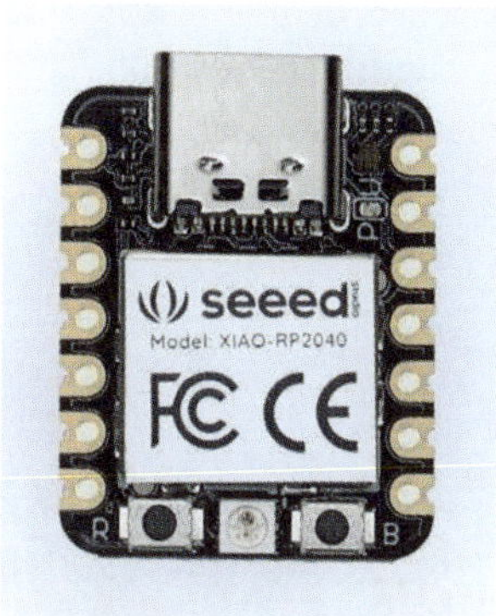

Abb. 9.7: XIAO RP2040 (Quelle seeedstudio.com)

Der XIAO RP2040 ist ein kompaktes und kostengünstiges Board mit einem RP2040-Microcontroller. Durch die kleine Bauform eignet es sich ideal für Tastatur-Anwendungen, Eingabeeinheiten und Projekte mit wenigen Ein- und Ausgängen.

Dank einer Onboard-RGB-Leuchtdiode kann dieses kompakte Board als optisches Anzeige-Modul genutzt werden.

Der XIAO RP2040 ist im Shop von Seeedstudio verfügbar:

`https://www.seeedstudio.com/XIAO-RP2040-v1-0-p-5026.html`

9.4 Hardware-Erweiterungen

Mit der Veröffentlichung des Stromlaufplans des Raspberry Pi Pico stehen jedem Hardware-Entwickler die Möglichkeiten offen, eigene Hardware-Module oder -Erweiterungen zu realisieren.

9.4.1 Reset-Schalter

Auf dem Pico-Board ist nur ein einzelner Drucktaster integriert. Dieser ist mit BOOTSEL bezeichnet und für den Firmware-Upload vorbereitet.

Ein hardwaremäßiger Reset kann beim Pico somit nur durch Entfernen des USB-Kabels und dem erneuten Einstecken realisiert werden.

Schnell kam der Community die Idee mit einem externen Reset-Button. Auf dem Steckbrett wird der Drucktaster einfach zwischen dem Pin RUN und GND angeschlossen. In Abbildung 9.8 ist diese Erweiterung dargestellt.

Stückliste (Reset-Schaltung)

- 1 Raspberry Pi Pico
- 1 Steckbrett
- 1 Drucktaster
- Jumper-Wires

Abb. 9.8: Steckbrett-Aufbau: Reset-Schaltung

Als Alternative kann man sich auch eine kleine Lochstreifen-Platine mit einer Größe von 3 Lötstreifen x 5 Lötpunkten erstellen und mittels Drahtverbindungen oder Stiftleisten mit dem Steckbrett verbinden (Abbildung 9.9).

Stückliste (Reset-Schaltung mit Lochraster)

- 1 Raspberry Pi Pico
- 1 Steckbrett
- 1 Lochrasterplatine 3 x 5 Pads
- 1 Drucktaster
- Jumper-Wires

Abb. 9.9: Steckbrett-Aufbau: Reset-Schaltung auf Lochrasterplatine

Eine weitere Variante hat die Firma PIMORONI mit der Lösung *Captain Resetti* realisiert. Das ist eine kleine Leiterplatte mit einem Reset-Taster, der direkt auf den Pico gelötet werden kann (Abbildung 9.10).

Abb. 9.10: Reset-Taster mit »Captain Resetti« (Quelle pimoroni.com)

Mittels einer 3-poligen Stiftleiste kann dieses Mini-Board auch auf dem Steckbrett verwendet werden.

Die kleine Leiterplatte ist direkt beim Hersteller im Shop verfügbar:

`https://shop.pimoroni.com/products/captain-resetti-pico-reset-button`

9.4.2 Pico-Pinout-Board für Steckbrett

Da die Beschriftung der Pins des Pico bekannterweise auf der Unterseite der Leiterplatte angebracht ist, ist diese leider beim Einsatz auf dem Steckbrett nicht sichtbar.

Ich habe dazu ein kleines Pinout-Board entwickelt, das ohne Löten unter das Pico-Board gesteckt werden kann. Auf diese Weise hat man bei Experimenten auf dem Steckbrett die Anschlussbelegung immer im Blick.

In Abbildung 9.11 sehen Sie dieses Board.

Abb. 9.11: Pico-Pinout-Board fürs Steckbrett

Dieser kleine und praktische Helfer ist in meinem Shop verfügbar:

`https://www.tindie.com/products/arduinopraxis/pinout-board-for-raspberry-pi-pico/`

Kapitel 10
Stücklisten

In diesem Kapitel sind alle Stücklisten der einzelnen Projekte aus dem Buch aufgelistet. In Klammern ist jeweils die Nummer des Abschnitts dargestellt.

Anschluss-Pins (1.2)

- 1 Raspberry Pi Pico
- 2 Stiftleisten 1 x 20 Pin
- Lötzinn
- Lötkolben (30 bis 50 Watt)

Taster einlesen (4.3)

- 1 Raspberry Pi Pico
- 1 Steckbrett
- 1 Drucktaster
- Jumper-Wires

Leuchtdiode ansteuern (4.4)

- 1 Raspberry Pi Pico
- 1 Steckbrett
- 1 Widerstand 1 kOhm (Braun, Schwarz, Rot)
- 1 Leuchtdiode (Farbe nach Wahl)
- Jumper-Wires

LED mit PWM (4.5)

- 1 Raspberry Pi Pico
- 1 Steckbrett

- 1 Widerstand 1 kOhm (Braun, Schwarz, Rot)
- 1 Leuchtdiode (Farbe nach Wahl)
- 1 Potentiometer 10 kOhm
- Jumper-Wires

Servo mit Potentiometer (4.6)

- 1 Raspberry Pi Pico
- 1 Steckbrett
- 1 Micro-Servo SG90
- 1 Batterie-Pack für vier AA-Batterien
- 4 AA-Batterien
- Jumper-Wires

Transistor als Schalter (4.7.1)

- 1 Raspberry Pi Pico
- 1 Steckbrett
- 1 Transistor BC546 oder BC237
- 1 Widerstand 1 kOhm (Braun, Schwarz, Rot)
- 1 Widerstand 10 kOhm (Braun, Schwarz, Orange)
- 1 Leuchtdiode
- Jumper-Wires

Ansteuerung Relais (4.7.2)

- 1 Raspberry Pi Pico
- 1 Steckbrett
- 1 Relais-Modul
- Jumper-Wires

Motor-Treiber – ein Motor (4.8)

- 1 Raspberry Pi Pico
- 1 Steckbrett

- 1 Motor-Treiber-Board TB6612FNG
- 1 Motor 6 V
- 1 Batterie-Pack (passend zur Spannung der beiden Motoren)
- Jumper-Wires

Motor-Treiber – zwei Motoren (4.8)

- 1 Raspberry Pi Pico
- 1 Steckbrett
- 1 Motor-Treiber-Board TB6612FNG
- 2 Motoren 6 V
- 1 Batterie-Pack (passend zur Spannung der beiden Motoren)
- Jumper-Wires

LED-Ampel (5.2)

- 1 Raspberry Pi Pico
- 1 Steckbrett
- 4 Widerstände 1 kOhm (Braun, Schwarz, Rot, R1–R4)
- 1 Potentiometer 10 kOhm (P1)
- 4 Leuchtdioden (Farbe nach Wahl, D1–D4)
- Jumper-Wires

Lichtmesser mit LDR (5.3)

- 1 Raspberry Pi Pico
- 1 Steckbrett
- 1 Widerstand 10 kOhm (Braun, Schwarz, Orange)
- 1 Fotowiderstand (LDR)
- Jumper-Wires

Temperaturmessung mit NTC (5.4)

- 1 Raspberry Pi Pico
- 1 Steckbrett

- 1 Widerstand 10 kOhm (Braun, Schwarz, Orange)
- 1 NTC 10 kOhm
- Jumper-Wires

RGB-LED (6.1)

- 1 Raspberry Pi Pico
- 1 Steckbrett
- 4 Widerstände 1 kOhm (Braun, Schwarz, Rot)
- 1 RGB-LED (Common-Anode)
- 3 farbige Leuchtdioden statt RGB-LED (Rot, Grün, blau) (optional)
- Jumper-Wires

Ansteuerung LCD (6.2)

- 1 Raspberry Pi Pico
- 1 Steckbrett
- 1 LC-Display 16 x 2 mit I2C-Ansteuerung
- 1 Level-Shifter (2–4 Kanäle)
- Jumper-Wires

Ansteuerung OLED-Display (6.3)

- 1 Raspberry Pi Pico
- 1 Steckbrett
- 1 OLED-Display (beispielsweise 0,91 Zoll mit 128 x 32 Pixel)
- Jumper-Wires

Wetterstation mit DHT22 (6.4)

- 1 Raspberry Pi Pico
- 1 Steckbrett
- 1 Sensor DHT22
- 1 Widerstand 4,7 kOhm (Gelb, Violett, Rot)
- 1 OLED-Display (beispielsweise 0,91 Zoll mit 128 x 32 Pixel)
- Jumper-Wires

Stückliste Uhr mit OLED (6.5)

- 1 Raspberry Pi Pico
- 1 Steckbrett
- 1 RTC-Modul DS3231 (beispielsweise Adafruit)
- 1 OLED-Display (beispielsweise 0,91 Zoll mit 128 x 32 Pixel)
- Jumper-Wires

Serieller Datenaustausch (7.1)

- 1 Raspberry Pi Pico
- 1 Arduino Uno
- 1 Steckbrett
- 1 Level-Shifter
- Jumper-Wires

Lichtmesser (7.3)

- 1 Raspberry Pi Pico
- 1 Steckbrett
- 1 Sensor BH1750 auf Erweiterungsplatine
- Jumper-Wires

Webclient (7.4.3)

- 1 Raspberry Pi Pico W

Webserver (7.4.4)

- 1 Raspberry Pi Pico W

MQTT Client (7.4.6)

- 1 Raspberry Pi Pico W

Blink mit State Machine (8.2)

- 1 Raspberry Pi Pico
- 1 Steckbrett

Blinker als Alarmmelder (8.2)

- 1 Raspberry Pi Pico
- 1 Steckbrett
- 2 Leuchtdioden (Rot, Orange oder nach Wahl)
- 2 Widerstände 1 kOhm (Braun, Schwarz, Rot)
- 1 Potentiometer 10 kOhm
- Jumper-Wires

Reset-Schaltung (9.4)

- 1 Raspberry Pi Pico
- 1 Steckbrett
- 1 Drucktaster
- Jumper-Wires

Reset-Schaltung mit Lochraster (9.4)

- 1 Raspberry Pi Pico
- 1 Steckbrett
- 1 Lochrasterplatine 3 x 5 Pads
- 1 Drucktaster
- Jumper-Wires

Stichwortverzeichnis

Symbole

3,3-V-Logik ... 58
3V3_EN ... 185
3V3_OUT ... 185
380 V ... 76

A

AA-Batterie ... 23
Adafruit ... 189
ADC_VREF ... 185
Adresse
  I2C-Bus ... 137
AGND ... 185
Aktor ... 57
Alarmmelder ... 178
Analog/Digital-Wandler ... 91
Analoges Signal ... 91
Analogwerte ... 152
Anker ... 76
Anschlussbelegung ... 15, 182
Anschlussdraht ... 49
Anschlüsse ... 13, 18
Anschluss-Pin ... 15
Ansteuerung
  Motor ... 79
Anzeige ... 105
Arduino ... 188
Ausgang ... 57

B

Basis ... 73
Basis-Strom ... 74
Baud ... 131
BC546 ... 73
Bedieneinheit ... 90
Betriebssystem ... 15
BH1750 ... 138
Bibliothek ... 39, 142, 171
  Installation ... 171
  network ... 142
Bitbanging ... 173
blink.py ... 41
Blockschaltbild ... 52
Bluetooth ... 141
BOOTSEL ... 32
Boot-Selektor ... 16
Breadboard ... 46
Busadresse ... 135
  I2C-Bus ... 137

C

CircuitPython ... 190
Common-Anode ... 105
CYW43439 ... 16

D

Datenaustausch ... 131
Debug ... 16, 17
Debug-Schnittstelle ... 16, 17
DHT22 ... 117
DHT-Bibliothek ... 119
Drahtverbindung ... 49
Drehrichtung ... 79
Drehrichtungsänderung ... 87
Drehwinkel ... 70
DRV8871 ... 80
DS3231 ... 124
Dunkelheit ... 96
Durchlassrichtung ... 53
Duty Cycle ... 70

E

Eingang 57, 59
Ein- und Ausgänge 15, 57
Elektronik 46
  Bauteile 50
Emitter 73
Endschalter 90
Entwicklungsumgebung 10, 27
Erstes Programm 37

F

Farad 55
Fast Mode 135
Fast Mode Plus 135
Feather RP2040 189
Filesystem 33
Firmware 10, 15, 27
Flüssigkristall-Anzeige 105
  siehe LCD
Fotowiderstand 96
Freilaufdiode 77
Frequenz 67
Funktion 44, 171
Funktionsbezeichnung 181

G

Geschwindigkeit 81, 86
GP25 16
GPIO 184
Grundplatine 22

H

HackSpace 9
Hardware-Erweiterung 191
Hauptprogramm 42
HD44780 108

I

I2C 109, 134
I2C-Bus 112, 129, 134, 137
I2C-Methode 137
I2C-Scanner 137
IC 52
IDE 27
Impuls 66
Impulszeit 66
Input/Output-Controller 173
Integrierte Schaltung 52
  siehe IC
Interactive Mode 38
Interpreter-Einstellungen 35

J

JS-Chart 151

K

Kiloohm 53
Kollektor 73
Kommentar 42
Kommunikationsschnittstelle 129
Kondensator 55
  Schaltzeichen 55
Kontakt 76
Koordinatensystem
  OLED 115

L

Laststrom 73
LCD 105, 108
LC-Display 108
  siehe LCD
LDR 96
  siehe Fotowiderstand
LED 53
LED-Ampel 93
Leiterplatte 14
Leuchtdiode 51, 53, 63, 105
  Schaltzeichen 54
  Strom 63
Level-Shifter 110, 131

Lichtmessung 96, 138
Lichtsensor
BH1750 138
Light Emitting Diode 53
siehe LED
Lipo-Akku 23
Lochrasterplatine 21
Logikpegel 110

M

machine 39
machine.Pin() 59
main.py 41
Massenspeicher 33
Master/Slave-System 134
Megaohm 53
Message Queuing Telemetry Transport
siehe MQTT
Messbereich
NTC 104
Messsignal 93
Messwert 93
Microcontroller-Board 46
MicroPython 9, 15, 27, 30, 31
Grundstruktur 42
Installation 32
Interpreter 29
Mini-Steckbrett 47
Modellbau 69
Modus PULL_DOWN 60
Modus PULL_UP 59
Motor 79
Stromversorgung 81
Motor-Breakout-Board 79
Motorspannung 79
Motor-Treiber 80
MQTT 158
MQTT-Broker 158
MQTT-Client 11, 158, 160
MQTTLens 163

N

Nachrichten
siehe MQTT
Negativer Temperaturkoeffizient 100
Node-Red 166
NPN-Transistor 73
NTC 100
Messbereich 104
NTC-Sensor-Anwendung 102

O

Objekt 44
OLED 113, 121
Bauform 113
Koordinatensystem 115
OLED-Uhr 11
Onboard-LED 16, 17, 38, 57
Onboard-Leuchtdiode 38

P

Pegelwandler-Modul 110
siehe Level-Shifter
Pico 9
siehe Raspberry Pi Pico
PIMORONI 190
Pinout 18, 181
PIO 57, 171, 173
PNP 73
Port 29
Positionswert 72
Potentialtrennung 76
Potentiometer 68
Print-Relais 76
Programmable Input and Output ... 171, 173
siehe PIO
Programmaufbau 42
Protoboard 22
Publisher 158
Pulldown 59

Pull-Mode ... 61
Pullup ... 59
Pulsweitenmodulation ... 57
PWM ... 57, 66
  Blöcke ... 67
  Impuls ... 66
  Pin ... 68
  Servo ... 71
  Signal ... 67, 70
Python ... 30

R

Raspberry Pi Foundation ... 9
Raspberry Pi Pico ... 9
Raspberry Pi Pico W ... 10, 16
Rasperry Pi ... 9
Real Time Clock ... 121
Relais ... 76
Relais-Schaltung ... 77
repl ... 38
Reset-Schalter ... 192
Response ... 145
RGB-LED ... 105
Richtung ... 86
Roboteranwendung ... 80
Roboterfahrzeug ... 90
Roboter-Programm ... 87
RP2040 ... 9, 15, 186, 187
RS-232 ... 129
  siehe UART
RTC
  siehe Real Time Clock
RUN ... 185
RX ... 130

S

Schalter ... 57
Schaltplan ... 50
Schaltzeichen
  Kondensator ... 55
  Leuchtdiode ... 54
  Transistor ... 73
  Widerstand ... 53
Schnittstelle ... 46, 129
Schraubklemme ... 79
Sensor ... 57
Serial Wire Debug ... 16, 18
Serielle Schnittstelle ... 129
  siehe UART
Servomotor ... 69
servo.py ... 71
SG90 ... 69
Shell ... 28
  Programm ausführen ... 38
Signal
  analoges ... 91
Signaltrennung ... 110
Single Wire Debug ... 187
Software ... 27
Spannung
  einlesen ... 91
Spannungsquelle ... 23
  Motor ... 81
Spannungsteiler ... 97
Spannungsversorgung ... 23
Sparkfun ... 80
Spule ... 76
State Machine ... 174
Statusanzeige ... 63
Steckbrett ... 46, 47
Steckbrett-Aufbau ... 51
Steinhart-Hart-Gleichung ... 102
Stiftleiste ... 15
Stromlaufplan ... 50
  Raspberry Pi Pico ... 52
Stromversorgung
  Motor ... 81
Stückliste ... 195
Subscriber ... 158
SWD ... 187

T

Taster ... 62
TB6612FNG ... 80
Technische Daten ... 186
Temperaturkoeffizient ... 100
  negativer ... 100
Temperaturmessung ... 92, 100
  NTC ... 101
Temperatur-Sensor
  intern ... 92
Temperaturwert ... 45
Thermistor ... 100
  siehe NTC
Thonny ... 10
  Installation ... 27
  Konfiguration ... 28
ThonnyIDE ... 27
Tiny2040 ... 190
Topics ... 159
  siehe MQTT
Transistor ... 73
  Grundschaltung ... 74
  Schaltzeichen ... 73
TX ... 130

U

UART ... 109, 129, 130
Überspannung ... 77
UF2-Datei ... 31
Umrechnungsfunktion ... 45
Umweltsensor ... 117
USB ... 16
USB-Anschluss ... 16
  siehe USB
USB-Kabel ... 32

V

Variable ... 43
VBUS ... 186
Verbindungsaufbau ... 162
Verbraucher ... 76
Vorwiderstand ... 51
VSYS ... 185

W

Webclient ... 143, 146
Webserver ... 145, 147
Wechselspannung ... 76
Wetterstation ... 117
Widerstand ... 52
  Schaltzeichen ... 53
Wireless ... 16
  CYW43439 ... 16
WLAN ... 186
WLAN-Controller ... 141
WL_GPIO0 ... 39

X

XIAO RP2040 ... 191
XML ... 145

Z

Zentraleinheit ... 15
  siehe RP2040
Zustand ... 57
Zustandsmaschine ... 174

Michael Weigend

Raspberry Pi programmieren mit Python

5. Auflage

Alle Python-Grundlagen, die Sie für Ihren Raspberry Pi 4 brauchen

Projekte mit Sensoren, Relais und AD-Wandlern

Einsatz von Peripheriegeräten wie Kameramodul und Lautsprecher

Der Raspberry Pi ist ein preiswerter und äußerst energiesparsamer Computer in der Größe einer Kreditkarte. In Kombination mit der Programmiersprache Python bietet er eine hervorragende Umgebung für die schnelle Realisierung technischer Ideen und Projekte. Außerdem ist Python – auch für Programmiereinsteiger – einfach zu lernen und deshalb Teil des Gesamtkonzepts des Raspberry Pi.

Dieses Buch vermittelt Ihnen anhand vieler anschaulicher Beispiele sowohl die Grundlagen von Python als auch fortgeschrittene Techniken wie Objektorientierung, Internetprogrammierung und grafische Benutzungsoberflächen.

Nach dem Erlernen der Programmierkonzepte finden Sie besonders in der zweiten Hälfte des Buches eine Fülle von kleinen Projekten, die auf die besondere Hardware des Raspberry Pi und das Linux-Betriebssystem Raspberry Pi OS zugeschnitten sind. Zur Vorbereitung jedes Projekts werden neue Elemente der Python-Programmierung eingeführt. Zahlreiche Illustrationen und einfache Beispiele zum Ausprobieren erleichtern das Verständnis.

Zu den vielfältigen Projekten im Buch gehören Schaltungen mit Sensoren (Temperatur, Licht, Kohlendioxid, Alkohol), Relais, AD-Wandlern und LEDs. Sie erfahren, wie man Peripheriegeräte wie das Kameramodul anschließt und den 1-Wire- sowie den SPI-Bus zur Datenkommunikation nutzt.

Am Ende jedes Kapitels finden Sie Aufgaben und Lösungen, mit denen Sie Ihr Wissen festigen, erweitern und vertiefen können.

ISBN 978-3-7475-0383-6

Probekapitel und Infos erhalten Sie unter:
www.mitp.de/0383

Michael Weigend

PYTHON 3
Schnelleinstieg

Programmieren lernen in 14 Tagen

Einfach und ohne Vorkenntnisse zum Profi

Zahlreiche Praxisbeispiele und Übungen

- **Programmieren lernen ohne Vorkenntnisse**
- **In 14 Kapiteln Schritt für Schritt zum Profi**
- **Einfache Praxisbeispiele und Übungsaufgaben**

Mit diesem Buch gelingt Ihnen der Einstieg in die Python-Programmierung ohne Mühe. Sie benötigen keinerlei Vorkenntnisse.

Alle Grundlagen werden anschaulich und einfach nachvollziehbar anhand von Codebeispielen erklärt. Übungsaufgaben in unterschiedlichen Schwierigkeitsstufen am Ende der Kapitel helfen Ihnen, das neu gewonnene Wissen praktisch anzuwenden und zu vertiefen.

Der Autor führt Sie Schritt für Schritt in die Welt der Programmierung ein: von den Grundlagen über Objektorientierung bis zur Entwicklung von Anwendungen mit grafischer Benutzungsoberfläche. Dabei lernen Sie ebenfalls, was guten Programmierstil ausmacht und wie man Fehler in Programmtexten finden und von vornherein vermeiden kann.

So gelingt es Ihnen in Kürze, Python effektiv in der Praxis einzusetzen.

Probekapitel und Infos erhalten Sie unter:
www.mitp.de/0328

ISBN 978-3-7475-0328-7